Inhalt

„Zusatzstoffe gehören nicht ins Essen.
Sie gehören ins Museum!"

***Udo Pollmer,** Lebensmittelchemiker*

Europäisches Institut für Lebensmittel- und Ernährungswissenschaften e. V.

Sehr geehrte Leserinnen und Leser,

dieses Handlexikon dokumentiert die Fülle an Stoffen, die zur Herstellung unserer täglichen Nahrung genutzt werden. Viele dieser Substanzen sind mehr oder weniger gut geprüft, viele andere so gut wie nicht. Deshalb will die EU bis Ende 2020 zahlreiche der Zusätze endlich einer korrekten Prüfung unterziehen.

Einige Zusätze werden deklariert, andere, wie die Aromastoffe mit über 2.000 Substanzen, firmieren auf dem Etikett pauschal als „Aroma". Dazu kommen die Stoffe, die überhaupt nicht deklariert werden. Genannt seien hier die Enzyme, deren weit verbreiteter Einsatz in den allermeisten Fällen verschwiegen werden darf.

Doch auch die deklarierten Begriffe erfordern oft genug erhebliche lebensmittelrechtliche Kenntnisse und technologisches Verständnis, um sie richtig deuten zu können. Bisher hat sich die Lebensmittelwirtschaft nur zu gerne davor gedrückt, dem Kunden reinen Wein einzuschenken. Dieses Handlexikon soll das ändern.

Auch der Gesetzgeber tat das Seine, um die kleinen Geheimnisse der Lebensmittelproduktion nicht zu sehr ins Bewusstsein der Öffentlichkeit dringen zu lassen. Hätten die Kunden in den sechziger und siebziger Jahren erfahren, was bereits damals alles ihrem täglichen Brot zugesetzt wurde, viele von ihnen hätten wohl wieder selbst gebacken. Vielleicht erinnert sich der eine oder andere an jene süddeutsche Zusatzstofffabrik, die asiatisches Menschenhaar in Salzsäure auflöste, um daraus ein Antischnurrmittel (E 920) für Kekse zu gewinnen? Der Name Antischnurrmittel bezieht sich übrigens auf die Eigenschaft, das (Zusammen-) „Schnurren" des Teiges zu unterbinden. Die Bäcker hielten ihren Kritikern entgegen, der Stoff sei ja nicht mal körperfremd. Wo sie Recht haben, haben sie Recht.

Bei aller Kritik, Zusatzstoffe haben unsere Lebensmittel auch sicherer gemacht. Man denke nur an die Aufbereitung, die Entkeimung des Trinkwassers. Zusatzstoffe haben unser Lebensmittelangebot auch erweitert und dazu beigetragen, dass menschliche Arbeitskraft durch eine vollautomatische Produktion ersetzt werden konnte. Viele Substanzen dienen der Verbesserung der „Maschinenfreundlichkeit" – der „Maschinabilität", so der Fachausdruck. Dadurch wurde das Angebot für alle erschwinglich: Jeder kann sich heute Gerichte leisten, die einst einen Wochenlohn erforderten.

Sorgen bereitet die Tatsache, dass manch eine Anwendung auch der Täuschung dient – egal ob vom Gesetzgeber gestattet oder von der Überwachung nur geduldet. Zusatzstoffe erlauben es, teure Rohstoffe zu ersetzen: Hefeextrakt hilft, den Fleischanteil zu senken, Hydrocolloide machen Wasser streichfähig oder gar schnittfest, Aromen schaffen sinnliche Illusionen. Letztere haben wesentlich zur Diversifizierung von Süßwaren beigetragen - man denke nur an das reiche Angebot an Fruchtjoghurts und Desserts.

Alles in allem werden unseren Lebensmitteln Tausende von Stoffen zugesetzt – auch wenn offiziell nur von wenigen Hundert die Rede ist. Der Grund: Der Gesetzgeber hat viele Stoffe zu „Nicht-Zusatzstoffen" ernannt. Rein rechtlich sind die allermeisten Aromastoffe, alle Enzyme sowie viele technische Hilfsstoffe keine Zusatzstoffe. Dazu kommt eine wachsende Zahl von funktionalen Additiven. Diese sollen viele der bisher kennzeichnungspflichtigen Zusatzstoffe auf etikettenfreundliche Weise ersetzen. Clean Label heißt das große Ziel der Lebensmittelwirtschaft, das „saubere Etikett". Spötter sagen dazu nur „außen hui innen pfui".

Das **Deutsche Zusatzstoffmuseum** ist weltweit das einzige Museum seiner Art. Natürlich hat das Museum die Lebensmittelbranche eingeladen, ihren Beitrag zur Gestaltung zu leisten, und so zur Transparenz auf dem Lebensmittelmarkt beizutragen. Bisher haben nur wenige Unternehmen Interesse bekundet. Es ist zu hoffen, dass sich dies in absehbarer Zeit ändert. Zusatzstoffe haben es nicht verdient, ihr Leben im Verborgenen zu fristen. Schon allein aus Dankbarkeit würde es den Verwendern gut anstehen, sich zum Einsatz der flinken Helferlein zu bekennen.

Die vielen Zusätze haben Industrie wie Handwerk jahrzehntelang hinter den Kulissen begleitet, wohl abgeschirmt vor den neugierigen Augen der Öffentlichkeit. Nun aber gilt:

Vorhang auf – Bühne frei

DEUTSCHES ZUSATZSTOFF MUSEUM

Willkommen in der Welt der Lebensmittelzusätze!

Das Deutsche Zusatzstoffmuseum ist ein Museum der besonderen Art. Viele der hier ausgestellten Objekte sind eher unscheinbare Pulver oder Flüssigkeiten, die die meisten Bürger jedoch Tag für Tag, häufig ohne es zu wissen, verspeisen. Die Ausstellung zeigt, warum zahlreiche Zusätze, oft genug ohne Kennzeichnung, Bestandteil unserer Lebensmittel sind. Und dieses Buch soll Ihnen eine wertvolle Reiselektüre bei der nächsten Expedition in den Supermarkt sein.

Als das Deutsche Zusatzstoffmuseum am 28. Mai 2008 seine Pforten öffnete, herrschte noch Unsicherheit darüber, ob eine so spezielle Ausstellung bei der breiten Öffentlichkeit auf Zuspruch stößt. Doch das Interesse ist groß, bis heute konnten über 21.000 Besucher begrüsst werden. Für eine so kleine Ausstellung eine beachtliche Wirkung!

Im "Spiegel" wurde das Museum sogar als „renitente Transparenzoffensive" bezeichnet. In unseren Führungen wird das Gestern, Heute und Morgen der großen Welt der kleinen Lebensmittelzusätze beleuchtet. Der Erfindungsreichtum, die Tricks oder sogar die kriminelle Energie der Branche haben eine lange Tradition, die teils bis in die heutige Zeit reicht und spannende Geschichten bietet.

Das Angebot des Museums wird durch Vorträge ergänzt. So gelang es den Mediziner Prof. Michael Hermanussen, den Lebensmittelchemiker Prof. Georg Schwedt, Frau Silke Schwartau von der Verbraucherzentrale Hamburg oder den aus den Medien bekannten Lebensmittelchemiker Udo Pollmer zu gewinnen. Auch die Presse nutzt das Museum inzwischen gern als Ansprechpartner für Hintergrundinformationen.

Die Resonanz auf unsere Teilnahme an der „Langen Nacht der Museen" und an der „Nacht des Wissens" - in Kooperation mit dem scolab-Schülerlabor -, war jedesmal überwältigend. Und vielleicht hat auch der Besuch der Bundesministerin für Ernährung, Landwirtschaft und Verbraucherschutz Frau Aigner ein wenig dazu beigetragen, dass 2011 die Info-Plattform „lebensmittelklarheit.de" eingerichtet wurde. Die Diskussion über Chancen und Gefahren beziehungsweise Klarheit und Pranger hält unvermindert an.

Bei der Lektüre wünsche ich Ihnen viele neue Erkenntnisse,

Christian Niemeyer

Führung durch Chr. Niemeyer, Leiter des Deutschen Zusatzstoffmuseums

Zusatzstoffe: vermeidbares Risiko?

Immer wieder geraten Zusatzstoffe ins Kreuzfeuer der Kritik. Aktuell betrifft das vor allem die Geschmacksverstärker. Denn sie erlauben es dem Hersteller bei seinen Rohstoffen zu sparen. Schnell überbieten sich die Unternehmen mit Versprechungen wie „ohne den Zusatzstoff Glutamat". Schließlich reagieren manche Menschen empfindlich darauf.

Doch ein Blick in die Zutatenliste enttarnt viele Produkte. Statt Glutamat findet man Hefeextrakt. Dagegen wäre nichts einzuwenden, wenn dieser auch nach Hefe schmecken würde. Aber nein, mit aufwendigen Verfahren wird dem Extrakt sein verräterischer Eigengeschmack entzogen. Damit er nur einem einzigen Zweck dient - der Geschmacksverstärkung.

Mit technologischen Kunstgriffen wurden Produkte designed, die reichlich Geschmacksverstärker enthalten aber als „frei von geschmacksverstärkenden Zusatzstoffen" beworben werden. Das Glutamat wird neuerdings in Dipeptiden „versteckt".

Schon gibt es Ersatz für die Hefeprodukte, für den Fall, dass die Kunden misstrauisch werden. Nun werden die gleichen Geschmacksverstärker als „Tomatenextrakt" offeriert. Schließlich enthalten auch Tomaten von Natur aus ein klein wenig Glutamat. Dann steht nicht mehr Hefe sondern Tomate auf dem Etikett. Die Folge ist eine Wettbewerbsverzerrung - zum Schaden qualitätsorientierter Anbieter. Wer den Verbraucher schützen will, muss gleichermaßen den redlichen Anbieter schützen.

Beispiel Süßstoffe: Seit langem ist bekannt, dass sie bei Tier und Mensch eine Gewichtszunahme fördern. Füttert man Ratten Joghurt, der entweder Zucker oder Süßstoff enthält, sind bereits nach wenigen Wochen die Tiere mit Süßstoff signifikant schwerer. Die Analyse der Körperzusammensetzung zeigte, dass die Diät-Ratten tatsächlich fetter geworden waren. Für diesen Effekt genügte der Diätjoghurt an drei Tagen pro Woche. Wie wirken solche Produkte auf Kinder? Wer schützt die Jugendlichen?

Bei aller Kritik an Zusatzstoffen sollten wir das Kind nicht mit dem Bade ausschütten. Denn manche sind nicht nur unbedenklich, sondern geben auch Anlass zum Schmunzeln: Wenn Ascorbinsäure, also Vitamin C, unseren Wurstwaren zur Umrötebeschleunigung zugesetzt wird, enthalten Kochschinken oder Bierwurst sogar mehr Vitamin C als Obst und Gemüse. Wer also unbedingt wegen der „gesunden Vitamine" Salat essen will, kann heute unbesorgt zum Fleischsalat statt zum Kopfsalat greifen.

Bei einer Risikobewertung ist zu bedenken, dass selbst fragwürdige Zusätze auch einen gesundheitlichen Nutzen haben können. Man denke nur an „Chlor", das für sich allein betrachtet alles andere als „gesund" ist. Aber bei der Aufbereitung von Trinkwasser sorgt es für hygienisch einwandfreies Nass. Und das ist für unsere Gesundheit von zentraler Bedeutung.

Dabei kann man es auch übertreiben: Voraussetzung für die Einführung von PET-Flaschen war das Kaltentkeimungsmittel Dimethyldicarbonat (E 242). PET ist zwar erfreulich leicht, aber es hat einen Nachteil: Anders als Glas verträgt es keine heißen, keimfreien Flüssigkeiten. Bei PET-Flaschen ist deshalb eine nachträgliche „Kaltentkeimung" angesagt. Zu diesem Zweck injiziert man den Zusatzstoff E 242 nach dem Abfüllen ins Getränk.

Anlage zur Kaltentkeimung von Apfelsaftschorle

Hier wird das Desinfektionsmittel E 242 aus den Flaschen unten im Schrank in das Getränk dosiert. Eine Deklaration ist nicht erforderlich. Ausstellungsstück aus dem Museum.

Diese ätzende, brennbare und giftige Substanz tötet zuverlässig alles Leben in der Apfelschorle ab, und zersetzt sich dabei zu Methanol und Kohlensäure. Das Getränk ist jetzt nicht nur frei von Keimen sondern auch „frei von Konservierungsmitteln". Oder haben Sie schon mal auf einer PET-Flasche den Hinweis auf dieses Desinfektionsmittel gefunden? Nein? Auch deshalb gibt es jetzt das **Deutsche Zusatzstoffmuseum**.

Tricksen, täuschen, tarnen: die leidige Deklaration

Die Deklaration von Zusätzen hat sich in den letzten Jahren durch die Bemühungen der EU durchaus verbessert. Dennoch bietet das Recht große Lücken, wenn es um das Verheimlichen von Zusätzen geht. Die fünf gravierendsten Problemfelder sind:

1. In **Kantinen und Restaurants** braucht das Gros der Zusatzstoffe nicht gekennzeichnet werden. Dort wird am meisten manipulierte Ware eingesetzt. Wenn das Krankenhaus von der Küche verlangt, die Patienten für 3,50 Euro am Tag mit drei Mahlzeiten zu verpflegen, ist dies nur bei Ausschöpfung aller chemischen und technologischen Tricks möglich. Nicht anders in Betriebskantinen, bei denen der Betriebsrat darauf besteht, das Essen aus „sozialen Gründen" so günstig wie möglich anzubieten.

2. Bei **Metzgern und vor allem bei Bäckern** genügen nach geltendem Recht entweder ein paar Hinweise auf Zusatzstoffe auf einem Schildchen neben der Ware oder es soll eine Zutatenliste hinter der Ladentheke vorrätig gehalten werden. Diese Liste darf sich der Kunde auf Nachfrage durchlesen. Niemand weiß, ob die Liste stimmt oder ob es unterschiedliche Listen für den Kontrolleur und für die Kunden gibt. Vielfach fehlen sie gänzlich und das Personal hat Anweisung zu erklären, sie würden gerade „überarbeitet".

3. **Enzyme**, die in aller Regel **aus gentechnisch veränderten Schimmelpilzen oder Bakterien** stammen, fehlen gewöhnlich auf der Zutatenliste. Nach Meinung der Hersteller werden sie beim Erhitzen inaktiviert. Allerdings gibt es seit vielen Jahren hitzestabile Enzyme, die zwar eingesetzt, aber nicht deklariert werden. Es gibt kaum noch Produkte, die ohne Verwendung von Enzymen hergestellt werden.

4. Zusatzstoffe, die im fertigen Produkt zwar vorhanden sind, aber **keine technologische Funktion** mehr ausüben, sollen laut Lebensmittel-Kennzeichnungs-Verordnung (§ 5 Abs. 2 Nr. 2) nicht deklariert werden. Das sind nicht nur Formtrennmittel, Entkeimungsmittel oder Klärmittel. Zum Beispiel Wurst: Damit Brühwurst, die aus gefrorenem Fleisch hergestellt wird, Festigkeit erlangt, gibt man Citrate, Lactate und Tartrate zum Brät. Nach dem Brühen ist das Eiweiß fest und das Wasser gebunden. Die Zusatzstoffe haben ihre Aufgabe erfüllt, eine Kennzeichnung entfällt.

5. Aufgrund der Kritik an den Zusatzstoffen werden diese zunehmend durch sogenannte **funktionale Additive** ersetzt. Das sind Spezialprodukte, die beispielsweise aus Molken-, Soja- oder Weizeneiweiß hergestellt werden. Auch wenn sie wie Zusatzstoffe wirken, sind sie für den Kunden nicht mehr als solche erkennbar, weil sie auf den Etiketten gewöhnlich als

„Milcheiweißerzeugnis" oder „Sojaeiweiß" deklariert werden. Es handelt sich aber häufig um „Spezialchemikalien", die keinesfalls mit dem Ausgangsprodukt gleichzusetzen sind.

Die Lebensmittelwirtschaft hält einer umfassenden Kennzeichnungspflicht entgegen, dass ausufernde Zutatenlisten nicht zwangsläufig zu mehr Verbrauchersicherheit führen. Außerdem würden sich viele Kunden nicht für die chemische Lebensbeichte ihres Kühlschranks interessieren und seien dankbar, nicht allerorten damit konfrontiert zu werden. Diese Argumente sind nicht von der Hand zu weisen.

Eine sinnvolle Lösung könnte darin bestehen, die vollständigen Angaben auf der Homepage des Verbraucherministeriums jedem Interessierten zugänglich zu machen. So wären alle notwendigen Informationen verfügbar, ohne dass die Industrie ihre Kleinpackungen mit Beipackzetteln ausstatten müsste.

Wozu die Geheimniskrämerei? In den Vereinigten Staaten hatten sogar Fastfood-Ketten bis vor wenigen Jahren keine Probleme damit, ihre Rezepturen (!) im Internet offenzulegen. Inzwischen folgen auch sie dem schlechten Beispiel deutscher Unternehmen: Je lauter vom Management die Offenheit gegenüber dem Verbraucher beschworen wird, desto unaufrichtiger sind die Werbebotschaften. Wenn das Marketing die von ihm verursachte Vertrauenskrise nicht löst, wird über kurz oder lang der Staat die Krise auf populistische Weise lösen.

Farbstoffe

Farbstoffe sind Kosmetika für Lebensmittel. Unansehnliche Waren erhalten ein verkaufsförderndes, appetitanregendes Aussehen. Insbesondere lässt sich damit eine bessere Qualität (z. B. bei Süßwaren wie Fruchtjoghurts oder Fruchtgummis ein höherer Fruchtanteil) vortäuschen. Andererseits: Was wäre ein Kindergeburtstag oder ein Osternest ohne Farbstoffe?

Da Farbstoffe in aller Regel deklarationspflichtig sind, weicht man im Zuge des sog. Clean Labels auf färbende Gewürzextrakte aus, die nach Angaben der Lebensmittelüberwachung unzulässigerweise als „Gewürzaroma" oder ähnliches deklariert werden. Der Unterschied zwischen einem „färbenden Gewürzextrakt" aus Paprika und „Paprikagewürz" besteht darin, dass ersterer nur die Farbstoffe, aber nicht den Geschmack der Paprika enthält. Dies wird von der Lebensmittelüberwachung zurecht als Täuschung des Verbrauchers beanstandet.

E 100 Kurkumin

Farbe: gelb

Farbstoff der Gelbwurzel (*Curcuma longa*). Die gemahlene Wurzel verleiht echtem Curry sein typisches Aussehen. Kurkumapulver gilt lebensmittelrechtlich jedoch nicht als Farbstoff sondern als Gewürz.

Beliebt zum Färben von Senf und Soßen. Hitzestabil, dafür aber sehr lichtempfindlich, deshalb bevorzugt für Produkte in Tuben oder Dosen verwendet.

Da Kurkumin nicht wasserlöslich ist, wird der Farbstoff nach seiner Extraktion aus der Gelbwurzel meist zusammen mit einem Trägerlösungsmittel und einem starken Emulgator eingesetzt. Auch eine synthetische Herstellung durch Reaktion von Vanillin mit Acetylaceton ist möglich.

Im Tierversuch (Schwein) Nebenwirkungen auf die Schilddrüse beschrieben. Beim Menschen wird Kurkuma bzw. Kurkumin therapeutisch bei Infektionskrankheiten, vor allem bei Malaria genutzt, ist aber auch zur Behandlung von Lebererkrankungen und Arthritis geeignet.

Bewertung: *Traditioneller Farbstoff mit schwer einschätzbarem pharmakologischem Potential.*

E 101 Riboflavin

Farbe: grüngelb

Ein Isoalloxazin-Farbstoff, der gern als Vitamin B_2 bezeichnet wird. Synthetisch aus Dimethylanilin hergestellt oder gentechnisch (*Bacillus subtilis*) erzeugt. Aufgrund der besseren Löslichkeit kommt es meist als Riboflavin-5-Phosphat zum Einsatz. Zur Färbung von Mayos, Suppen, Speiseeis, Gurkenkonserven und Puddingpulver.

Wird durch Licht sehr schnell zersetzt. Dabei entstehen giftige Abbauprodukte. Unter Einfluss von Sonnenlicht kommt es dabei zur Zersetzung roter Blutkörperchen (Hämolyse).

Da Riboflavin ein charakteristischer Inhaltsstoff von Milch ist, sind Milchflaschen und Joghurtgläser aus Weißglas keine sinnvolle Verpackung. Das Gleiche gilt auch beim Färben von Gurken im Glas mit E 101.

Riboflavin ist das Grundgerüst typischer Antibiotika wie das rosafarbene Roseoflavin oder das 8-Demethyl-8-Amino-Riboflavin. Beide werden von Streptomyceten, einer Gruppe von Bakterien, erzeugt. Sie zählen zu den wichtigsten Antibiotikaproduzenten.

Siehe auch Vitamin B_2 (Seite 124).

Bewertung: *Interessanter Naturstoff, der aufgrund seiner Instabilität gegenüber Licht toxikologische Fragen aufwirft.*

Die Saure-Gurken-Farbe

Der satte orangene Farbton täuscht: E 101 bringt das perfekte „Gurkengrün" ins Gurkenglas.

E 102 Tartrazin

Farbe: gelb

Breites Anwendungsspektrum aufgrund seiner hohen Stabilität: für Süßspeisen, Gebäck, Fischprodukte, Surimi (siehe Seite 174), Sojafleisch, Knabberartikel und Diätprodukte. Auch zur Färbung von Kosmetika, Putzmitteln, Nahrungsergänzung und Textilien.

Tartrazingefärbte Produkte müssen einen Warnhinweis tragen: „Tartrazin kann die Aktivität und Aufmerksamkeit von Kindern beeinträchtigen". Dies ist ein Zugeständnis der EU an die öffentliche Meinung, nachdem ein Versuch mit Kindern, durchgeführt von einer Londoner Klinik, Hyperaktivität festgestellt haben wollte. Der Versuch ist wissenschaftlich jedoch wertlos und belegt - wenn überhaupt – eher die Harmlosigkeit der Färbemittel für Kinder. Auch die oberste Lebensmittelbehörde der EU bewertet diese Studie als unbrauchbar.

Tartrazin beeinträchtigte in verschiedenen Testverfahren das Immunsystem. Der Farbstoff gehört zu den Zusatzstoffen, die vergleichsweise häufig Allergien (Nesselsucht) auslösen. Besonders kurios ist, dass Tabletten, die mit E 102 gefärbt sind, aufgrund des allergischen Potentials einen entsprechenden Warnhinweis tragen müssen, nicht aber Lebensmittel, wie gefärbte Desserts, bei deren Verzehr erheblich größere Mengen des Farbstoffs aufgenommen werden.

Bewertung: *Wenn schon ein Warnhinweis, dann vor Allergien.*

E 104 Chinolingelb

Farbe: gelb

Künstlicher Farbstoff, der für Ratten und Mäuse als unschädlich angesehen wird. Laut EU-Expertenausschuss erbrachten Kurzzeitversuche mit Hunden „keine eindeutigen toxischen Wirkungen".

Bewertung: *Kann mangels vertrauenswürdiger toxikologischer Daten nicht empfohlen werden. Aus diesem Grund hat die EU die zulässige Aufnahmemenge 2013 gesenkt.*

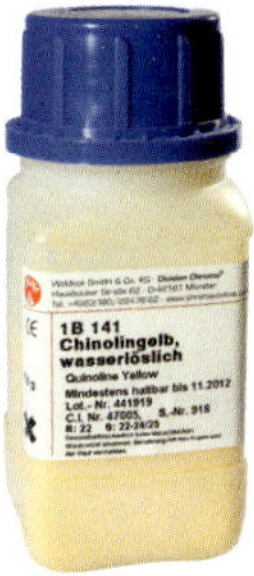

Chinolingelb

Darf in den USA nicht ins Essen geraten. Offensichtlich eine weise Entscheidung.

E 110 Gelborange S

Farbe: orange

Künstlicher Farbstoff, der in höherer Dosierung bei heranwachsenden Mäusen neurologische Probleme verursachte. Daneben bewirkte E 110 Veränderungen des Immunsystems. Mittlerweile wurde es als Xenoöstrogen identifiziert.

Vor allem in Getränken, Brause, Süßwaren, Seelachs und Krabben. Zur Erzeugung von Orangetönen mit E 124 kombiniert. In Verbindnung mit E 102 oder E 104 typische Eigelbtöne. Vitamin C entfärbt E 110. Als Aluminiumlack zum Färben von Dragees. Auch für Arzneimittel, Kosmetika und Textilien genutzt.

Bewertung: *Angesichts der mittlerweile vorliegenden toxikologischen Ergebnisse muss dieser Farbstoff als fragwürdig eingestuft werden. Aus diesem Grund hat die EU die zulässige Aufnahme 2013 gesenkt.*

E 120 Echtes Karmin

Farbe: rot

Natürlicher Farbstoff, auch als Cochenille bekannt. Gewonnen wird er aus den befruchteten und getrockneten Weibchen der Scharlachschildlaus (*Dactylopius cacti*), die auf Kakteen (v. a. Opuntien) gedeihen. Sie werden in sog. Nopalerien gezüchtet. Die flügellosen Zucht-Insekten sind etwa so groß wie Marienkäfer, aber von graubrauner Färbung. Sie saugen sich an der Wirtspflanze fest und verharren dort bis zum Tode. Die Männchen sehen aus wie kleine rote Fliegen, sie begatten die unbeweglichen Weibchen.

Der Farbstoff, der in den Eiern der trächtigen Läuse steckt, wurde bereits von den Azteken zum Malen und Färben verwendet. Um das Jahr 1523 begann der Export nach Europa, vor allem um damit Seide scharlachrot einzufärben. Karmin war zeitweise nach Gold und Silber das wichtigste Exportprodukt der spanischen Kolonien in Südamerika. Die Entdeckung des stabilen künstlichen Farbstoffs Fuchsin im Jahre 1856 und später des Cochenillerot A (E 124), die beide viel billiger zu synthetisieren waren, verdrängte den farbigen Läuseextrakt. Heute ist er wieder beliebt als Zusatz in Lippenstiften, vegetarischem Wurstersatz, Getränken, Süßwaren und Desserts.

Cochenillegewinnung anno 1777

Ein Indio wischt mit dem Schwanz eines Hirsches die Schildläuse vom Kaktus.

Die Kritik der Veganer am Karmin ist nicht nachvollziehbar. Die zum Färben verwendete Läusemenge ist minimal im Vergleich zum unbemerkten Vorkommen von Läusen auf pflanzlichen Lebensmitteln, wie Gemüse und Kräutern.

Der Farbstoff kann aber aufgrund von Eiweißresten gelegentlich Allergien auslösen. Inzwischen stehen eiweißfreie Farbextrakte zur Verfügung. Obwohl echtes Karmin chemisch betrachtet zu den Anthrachinonen zählt, die über einige ebenso natürliche wie giftige Vertreter verfügen, erwies es sich im Tierversuch als harmlos.

Bewertung: *Karmin gilt als unbedenklich, nicht zuletzt weil es seit Jahrtausenden in großem Stile erfolgreich benutzt wird.*

E 122 **Azorubin**

Farbe: rot

Azofarbstoff, auch Carmoisin genannt. Im Tierversuch wurden bei höherer Dosierung verschiedene Nebenwirkungen auf Blutbild, Lunge, Lymphsystem und Bauchspeicheldrüse beobachtet. Seit einiger Zeit verlangt die EU bei Lebensmitteln, die mit E 122 gefärbt werden, folgenden Warnhinweis: "Azorubin kann die Aktivität und Aufmerksamkeit von Kindern beeinträchtigen". Diese Warnung ist unbegründet. Siehe hierzu E 102 (Tartrazin).

Zur Färbung von Süßwaren, Desserts, Speiseeis, Saucen, Schmelzkäse, Nahrungsergänzungsmittel, Soja-"Fleisch", Obstweine etc.. Mengenbeschränkung auf 50 mg/kg.

Wird auch als Aluminiumlack verwendet. Zur Färbung von Arzneimitteln und Kosmetika zugelassen.

Bewertung: *Das Risikopotential von Azorubin ist bis heute nicht abschließend geklärt. An der Unbedenklichkeit bestehen jedoch begründete Zweifel.*

E 123 Amaranth

Farbe: rot

Künstlicher Stoff, der vor allem dank seiner Beständigkeit gegenüber Säuren, vor allem Fruchtsäuren verwendet wird. Er löst manchmal Allergien aus und gilt bereits in niedriger Dosis als erbgutschädigend. Im Tierversuch wurde die Anfälligkeit gegenüber Infektionen erhöht. Deshalb nur noch für Kaviar, Liköre und Spirituosen zugelassen.

Der Farbstoff Amaranth ist nicht zu verwechseln mit dem gleichnamigen „Inkakorn". Dabei handelt es sich um ein südamerikanisches Pseudogetreide, das verschiedene Vertreter der Familie der Fuchsschwanzgewächse liefern.

Amaranth ist zwar nach ihren manchmal tiefroten Blütenständen benannt, aber der Farbstoff hat chemisch nichts mit den natürlichen Rotfarbstoffen des Fuchsschwanzes gemeinsam.

Amaranthus caudatus
Diese Pflanze verlieh dem synthetischen Stoff seinen Namen. Die Ähnlichkeit beschränkt sich auf den Farbton.

Bewertung: *Die toxikologischen Daten sind sehr uneinheitlich, eine abschließende Bewertung ist nicht möglich.*

E 124 Cochenillerot A

Farbe: rot

Synthetischer Farbstoff, auch als Ponceau 4R bezeichnet. Löst nur selten Allergien aus. Färbte jedoch bei Dauergabe das Fell von Versuchstieren rosa. Er ist nicht verwandt mit Cochenille (Echtem Karmin) sondern lediglich aufgrund seiner farblichen Ähnlichkeit (scharlachrot) nach ihm benannt.

Einsatz in Süßwaren, Desserts, Lachsersatz und Getränken. Als Aluminiumlack vor allem für Käseüberzüge. Auch zur Färbung von Kosmetika (Shampoos, Parfums),

Mundspüllösungen, Medikamenten sowie von Textilien (Wolle, Seide). Muss auf Lebensmitteln den fachlich unbegründeten Hinweis tragen: „... kann die Aktivität und Aufmerksamkeit von Kindern beeinträchtigen". Siehe hierzu E 102 (Tartrazin).

Bewertung: *Es sind kaum toxikologische Daten verfügbar. Deshalb wurde die zulässige Aufnahmemenge 2013 von der EU gesenkt.*

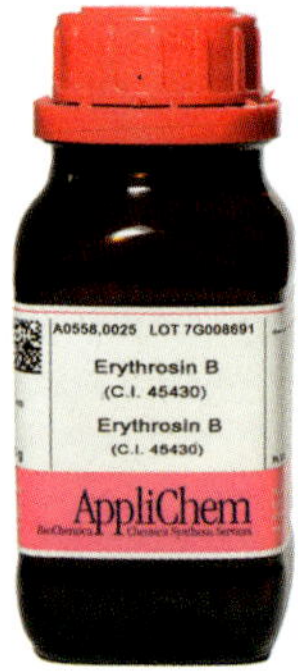

Macht Kirschen und Lippen rot

Die Spezialfarbe verhindert, dass das Rot der Cocktail-Kirschen ausblutet und auf andere Zutaten abfärbt.

Cocktailkirschen *mit E 127*

E 127 Erythrosin

Farbe: rosarot

Hergestellt durch Jodierung des beliebten Farbstoffs Fluorescein. Beeinträchtigte im Tierversuch die Nervenfunktion. Wird deshalb seit langem als Ursache für die unkontrollierte Impulsivität von hyperaktiven Kindern diskutiert. Allerdings steht ein belastbarer Nachweis am Menschen bis heute aus.

Tierversuche erbrachten wiederholt eine Wirkung auf die Schilddrüse. Womöglich passt E 127 aufgrund einer strukturellen Ähnlichkeit mit Schilddrüsenhormonen an deren Rezeptoren. Der Jodgehalt des Moleküls vermag den Effekt nicht zu erklären.

Daneben wurden am Tier auch östrogene Effekte beobachtet. Einige Fachleute befürchten eine Begünstigung von Brustkrebs.

Inzwischen nur noch für Cocktailkirschen, kandierte Kirschen und Kaiserkirschen in Fruchtsalaten zugelassen - weil der Farbstoff nicht auf andere Zutaten abfärbt. Außerdem für Lippenstifte und Arzneimittel verwendet.

Bewertung: *Die Zulassung sollte wegen seiner ungeklärten Nebenwirkungen auf die Schilddrüse widerrufen werden; in Fruchtsalaten hat Erythrosin nichts verloren.*

E 129 Allurarot AC

Farbe: rot

Azo-Farbstoff; zersetzt sich in Getränken unter Lichteinfluss. Dabei entstehen fragwürdige aromatische Amine. Der unveränderte Farbstoff hatte im Tierversuch Verhaltensänderungen (Hyperaktivität) zur Folge. Ob dies auch für den Menschen zutrifft, ist allerdings umstritten. Schädigt in niedriger Dosis das Erbgut. Verhalten im Stoffwechsel unklar. In der EU zudem zur Färbung von Kosmetika und Parfums, nicht jedoch von Arzneimitteln zugelassen.

Bewertung: *Kein empfehlenswerter Farbstoff.*

E 131 Patentblau V

Farbe: dunkelblau

Triphenylmethanfarbstoff von hoher Brillanz aber mit geringer Lichtechtheit, gern in Mischung mit gelben Farbstoffen zur Erzielung von Grün oder mit roten für Violett.

Patentblau V wird mittlerweile häufig in der Medizin für diagnostische Zwecke eingesetzt, teilweise auch intravenös. Dabei traten zahlreiche Nebenwirkungen zutage wie allergische Reaktionen bis hin zu anaphylaktischen Schocks, zudem Komplikationen bei der Anästhesie wie Asthmaanfälle und Blutdruckabfall.

Gegen die Verwendung von E 131 in Rasier- und Mundwasser sowie in Parfums wurden ebenfalls Bedenken laut: Der Stoff gelangt bei äußerlicher Anwendung durch die Haut ins Blut. Da die Mundschleimhaut noch durchlässiger ist, sollte die Zulassung überprüft werden.

Bewertung: *Dubioser Zusatzstoff; in der Medizin steht dem potentiellen Schaden ein klinischer Nutzen gegenüber, bei Kosmetika und Lebensmitteln ist das Risiko zwar deutlich kleiner als bei intravenöser Gabe, aber unnötig.*

E 132 Indigotin I

Farbe: blau

Künstlicher Farbstoff, auch Indigokarmin genannt. Er wird offenbar nicht vom Verdauungstrakt aufgenommen. Dennoch sind durch seine Verwendung als Farbstoff in Tabletten Nebenwirkungen dokumentiert; vor allem ernste allergische Reaktionen, die bisher offenbar für eine Nebenwirkung des Medikaments gedeutet wurden. Bei Injektionslösungen als Färbemittel während chirurgischer Eingriffe kam es gelegentlich zu Blutdruckabfall und Herzstillstand. Verwendung für Süßwaren, Getränke, Speiseeis und zum Bemalen von Eiern.

Bewertung: *Auch wenn die akuten Effekte bei intravenöser Gabe nicht auf eine Zufuhr per Lebensmittel übertragbar sind, geben sie dennoch Anlass, den Stoff toxikologisch genauer unter die Lupe zu nehmen. Zudem wird in der Fachpresse die begründete Vermutung geäußert, dass Indigotin I häufiger an Allergien beteiligt ist, als gemeinhin wahrgenommen wird.*

E 133 Brillantblau FCF

Farbe: blau

Triarylmethanfarbstoff. Gilt als harmlos, weil er, wie es heißt, kaum vom Verdauungstrakt aufgenommen wird. Dafür gelangt er aber über die Haut in den Körper, wenn auch nicht im gleichen Umfang wie E 131.

Verwendung vor allem für Nahrungsergänzungsmittel, Süßwaren, Snacks, Getränke und Gemüsezubereitungen - oft zusammen mit Tartrazin oder mit Säuren zum Erzielen grüner Farbtöne, speziell für den Eindruck von „Natur" und „Kräutern".

Beliebt für Toilettenreiniger („Blauspüler") und Mundwasser. In der EU nicht für Arzneimittel erlaubt. Wird zurzeit als Medikament gegen Morbus Alzheimer und andere Demenzerkrankungen erforscht.

Bewertung: *Dürftige Datenlage. Sollten sich die Hoffnungen der Pharmaindustrie auf ein Mittel gegen Demenz erfüllen, ist mit einem Verbot als Zusatzstoff zu rechnen.*

E 140 Chlorophylle Chlorphylline

Farbe: grün

Ausgangsstoff ist das natürliche Blattgrün von Luzerne, Brennnessel, Gras oder Algen. Sie enthalten unterschiedliche Chlorophylle, die verschiedene Grüntöne liefern. Gewinnung durch Extraktion mit einem Lösungsmittel wie Aceton, Alkohol oder Hexan (siehe Trägerstoffe Seite 134). Der Extrakt enthält allerdings auch allerlei unerwünschte Substanzen wie Wachse oder Carotinoide.

Bei der Abtrennung dieser Stoffe verändert sich auch das Chlorophyll, es verliert sein Magnesium und ist danach nicht mehr wasserlöslich. Durch eine Behandlung mit Laugen werden nun die Phytylestergruppen abgespalten. So entsteht wasserlösliches Chlorophyllin-Natrium.

Problematisch ist die Gewinnung aus Algen, weil dabei giftige Pheophorbide anfallen können. Allgemein zugelassen zur Färbung von

Lebensmitteln. Wichtig für Käse und Konfitüren mit grüner Optik.

Bewertung: *Es ist nicht fair, dem Kunden vorzugaukeln, es handele sich um „natürliches Blattgrün".*

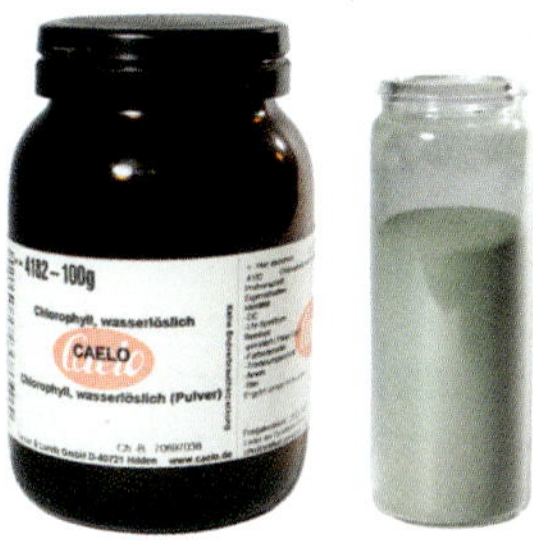

Grün im Glas: *E 140 in der lichtgeschützten Originalpackung und in Weißglas.*

E 141 Kupferhaltige Komplexe der Chlorophylle bzw. Chlorophylline

Farbe: grün

Chemisch modifiziertes Chlorophyll, indem das Magnesium durch Kupfer ersetzt wird. Das verbessert die Stabilität und Intensität des Farbstoffs deutlich. Kupfer ist ein Risikofaktor für Patienten mit Wilson-Syndrom, einer Erbkrankheit die gern mit Leberzirrhose verwechselt wird.

E 142 Grün S

Farbe: grün

Künstlicher Stoff, der im Darm jedoch nicht resorbiert und damit unverändert wieder ausgeschieden wird. Ansonsten toxikologisch kaum untersucht. Laut Sicherheitsdatenblatt eines Herstellers "gesundheitsschädlich bei Verschlucken". In Deutschland nur noch selten (z. B. zur Färbung von Süßwaren mit Minz-Geschmack) verwendet.

Bewertung: *Überflüssig.*

E 150a Einfaches Zuckerkulör
E 150b Sulfitlaugen-Zuckerkulör
E 150c Ammoniak-Zuckerkulör
E 150d Ammonsulfit-Zuckerkulör

Farbe: braun

Es handelt sich dabei nicht, wie immer wieder behauptet, um leckeres Karamell, das durch vorsichtiges Erhitzen von Zucker entsteht, sondern um diverse Zuckerarten, die mit Natronlauge, Ammoniak oder Sulfit chemisch umgesetzt wurden. Dabei entstehen auch die umstrittenen Imidazole. Ihr Gehalt in E 150 konnte in den letzten Jahren jedoch erheblich vermindert werden. E 150a wird mittels Natronlauge erzeugt (verwendet für Süßwaren und Soßenpulver), E 150b zusätzlich durch Reaktion mit Sulfit (v. a. für Whisky, Rum und Weinbrand), E 150c durch Reaktion mit Ammoniak (ideal für „urige" Biere & Soßen) und E 150d unter kombinierter Einwirkung von Sulfit und Ammoniak (für Colagetränke). Die Verlockung, auch Brot damit braun zu färben, ist nach wie vor groß.

Falls es sich um „echten" karamelisierten Zucker handelt, wird er entweder als solcher bezeichnet - oder im Falle eines Aromaextraktes als „natürliches Aroma" deklariert. Die Grenzen sind fließend und ebenso die Auslegung des Lebensmittelrechts durch die Hersteller.

Bewertung: *Bei aller Skepsis immer noch besser als andere Braunfarbstoffe wie E 155 (Braun HT). Ärgerlich ist die Dreistigkeit der Branche, den synthetischen Farbstoff in der Öffentlichkeit als „Caramell" zu bezeichnen.*

E 151 Brillantschwarz FCF

Farbe: schwarz

Azofarbstoff, der aus Sulfanilsäure durch Diazotierung mit einer Naphthalin-Sulfonsäure synthetisiert wird. Wird vom Darm kaum aufgenommen. Den größten Teil baut die Darmflora zu farblosen Verbindungen ab. Die wenigen Tierversuche lassen keine nennenswerten Nebenwirkungen erkennen. Derzeit wird E 151 als Medikament zum Schutz von Herz und Nerven getestet.

Verwendung vor allem für Soßen, Lakritz, vegetarische Fleischimitate und nachgemachten Meeresfrüchte. Da sich mit E 151 allein noch keine Schwärzung erzielen lässt, wird es fast immer in Kombination mit den Farbstoffen E 110 und E 102 verwendet. In Kosmetika wird Brillantschwarz gern zur Erzielung brauner Farbtöne eingesetzt.

Bewertung: *Da die toxikologischen Untersuchungen überwiegend Jahrzehnte alt und teilweise bis heute unveröffentlicht sind, ist Skepsis angebracht.*

E 153 Pflanzenkohle

Farbe: schwarz

Herstellung durch Verkokung von Pflanzenabfällen wie Nussschalen, Holz oder Torf unter Luftabschluss bei Temperaturen von bis zu 1000°C. Dabei ist es möglich, die Bildung des krebserregenden Benzpyrens fast völlig zu unterbin-

Deutscher Kaviar

Um welchen Farbstoff handelt es sich hier? Um Pflanzenkohle oder Brillantschwarz? Nein, hier ist kein schwarzer Farbstoff zugesetzt, sondern gleich vier andere, die zusammen das gesamte sichtbare Farbspektrum absorbieren und den Inhalt schwarz erscheinen lassen: E 141, E 150d, E 151 und E 163.

Dabei ist die Schwärze eher peinlich. Denn echter Kaviar ist gewöhnlich silbriggrau. Richtig schwarz ist er meistenteils erst, wenn er verdorben ist. Da einst die Ware auf dem langen und mühsamen Weg in den Westen immer dunkler wurde, galt dies hiesigen Feinschmeckern bald als Zeichen von besonderem Luxus.

Als der russische Kaviar in Deutschland vermittels Lumpgelege nachgemacht wurde, färbte man diesen schwarz ein und nannte ihn „Deutschen Kaviar". So kam das Imitat zu seiner charakteristischen Delikatess-Optik. Lumpgelege sind die maschinengängigen Eier eines Fisches (Cyclopterus lumpus), der aufgrund seines Aussehens „Lump" heißt.

---

den. Schon in der Steinzeit für die Höhlenmalerei genutzt. Auch für „bio" zugelassen. Siehe auch Aktivkohle, Seite 181

Bewertung: *Unbedenklich.*

E 155 Braun HT

Farbe: rötlich-braun

Der Farbstoff mit gleich zwei Azogruppen enthält nach Angaben des Wissenschaftlichen Lebensmittelausschusses der EU „etwa 20 Prozent eines nicht identifizierten Zusatzfarbstoffes". Ein kleiner Teil des Farbstoffes wird in Nieren und Lymphgefäßen eingelagert. Neuere toxikologische Studien fehlen. Verwendung zumeist für Süßwaren. In der EU weder für Arzneimittel noch für Kosmetika zugelassen.

Bewertung: *Reichlich dubios. Eine abschließende Einschätzung der Gesundheitsrisiken ist derzeit nicht möglich.*

Cheddar-Schmelzkäsescheiben *verdanken ihr sattes Gelb meist dem Farbstoff Annatto.*

E 160a Carotine, natürliche Beta-Carotin

Farbe: gelborange

Natürliche Farbstoffe in vielen pflanzlichen Lebensmitteln wie z. B. Karotten. Die Gewinnung erfolgt entweder durch Lösungsmittel-Extraktion von Palmöl oder Zucht-Algen (teuerstes Verfahren, ergibt „natürliches Carotin"), durch industrielle Synthese oder aus speziellen Mutanten des Pilzes *Blakeslea trispora* (heute bevorzugte Methode, ergibt „ß-Carotin"). Derzeit wird intensiv an gentechnischen Herstellungsverfahren gearbeitet. Durch Nanopartikulierung lassen sich hellgelbe Farbtöne erzielen. Carotine werden im Körper in Vitamin A umgewandelt.

Bewertung: *siehe Provitamin A (ß-Carotin, Seite 124).*

E 160b Annatto Bixin Norbixin

Farbe: rosa, orange

Schwerlösliche Carotinoide, gewonnen aus den Samenkrusten des Anattostrauchs (Orleansbaum, *Bixa orellana*), der in Indien, Sri Lanka und Indonesien angebaut wird.

Man unterscheidet drei verschiedene Produkte: Erstens das ölextrahierte Annatto (auch echtes Orlean genannt), zweitens der daraus mit Lösungsmitteln extrahierte Farbstoff Bixin, und drittens das Norbixin, das sich bei einer alkalischen Extraktion aus Bixin bildet und wasserlöslich ist.

Typischer Farbstoff für Cheddar-Käse, um farbliche Schwankungen der Milch im Verlauf der Jahreszeiten auszugleichen. Dadurch gelangt Annatto allerdings auch in die Molke, was ihre weitere Verwertung beeinträchtigt. Um den Farbstoff zu zerstören, wird die Molke mit Wasserstoffperoxid oder Benzoylperoxid entfärbt.

Es gibt den begründeten Verdacht, dass Annatto der eigentliche Verursacher von Migräne ist, die scheinbar von Käse ausgelöst wird. Dies wird auf die Blockade der SULT1A-Enzyme im Körper zurückgeführt.

E 160b wird daneben zur Färbung von Margarine, Schmelzkäse, süßen Teilchen, Desserts, Snacks, Räucherfisch und Speiseeis verwendet. Auch für Bio-Produkte zugelassen.

Bewertung: *Drei unterschiedliche Produkte, eine E-Nummer und keine solide toxikologische Prüfung. Zwar hat der Annattostrauch eine lange Tradition als Färbemittel, aber es wäre beruhigender, dem begründeten Verdacht auf Migräne würde nachgegangen.*

E 160c Paprikaextrakt (Capsanthin, Capsorubin)

Farbe: orangerot

Extrakt aus Paprikaschoten, dient zur Färbung (oft auch zur Aromatisierung mit dem Scharfstoff Capsaicin) von Fleischwaren, Suppen und Soßen. Da die beiden Farbstoffe Capsanthin und Capsorubin nicht als Reinstoffe gewonnen werden, geben die Hersteller keine E-Nummer an sondern deklarieren den Extrakt als färbendes Lebensmittel. Allgemein für Lebensmittel, Hühnerfutter und Kosmetika zugelassen.

Bewertung: *Unverdächtig, da natürliche Inhaltsstoffe eines populären Lebensmittels.*

E 160d Lycopin

Farbe: orange

Intensiver Farbstoff der Tomate, Hagebutte und Wassermelone. Wurde früher vor allem aus Tomatenschalen extrahiert bzw. synthetisch hergestellt; heute Gewinnung aus dem Pilz *Blakeslea trispora* oder gentechnisch veränderten *E. coli*. Lycopin gibt es zudem in einer Nanoversion. Die Nanopartikulierung erhöht die Farbintensität und die Löslichkeit in Wasser. Dadurch kann auf einen Emulgator verzichtet werden. Lycopin werden gesundheitliche Wunderwirkungen nachgesagt. Belastbare Belege fehlen.

Bewertung: *Ob E 160d auch als Nanomaterial harmlos ist, liegt im Dunkeln.*

E 160e Beta-apo-8-Carotinal
E 160f Beta-apo-8-Carotinsäureethyleser

Farbe: orange

Natürliches Vorkommen in Gras, Orangen und Leber. E 160e & f werden jedoch industriell synthetisiert. Verwendet zur Dotterpigmentierung und zur Färbung weinhaltiger Getränke. Geringe Lichtechtheit und Hitzebeständigkeit, deshalb gewöhnlich mit Antioxidantien versetzt. Reichert sich in der Leber an.

Bewertung: *Seit jeher natürlicher Bestandteil vieler pflanzlicher und einiger tierischer Lebensmittel - und in höherer Dosis womöglich leberschädlich.*

E 161b Lutein

Farbe: goldgelb

Weit verbreitetet im Pflanzenreich. Mit Lösemitteln aus Gras, Tagetes oder Luzerne extrahiert. Meist Nebenprodukt der Chlorophyllgewinnung. Die extrahierten Farbstoffe werden nach der Verseifung stabilisiert und auf den gewünschten Farbwert eingestellt. Licht-, säure- und hitzestabil. Zur Färbung von Fetten, Soßen und über das Hühnerfutter zur Farbvertiefung von Eidottern und der Brathähnchenhaut.

Bewertung: *Gilt als unbedenklich.*

***Auch Pfifferlinge** enthalten Canthaxanthin - aber zu wenig für ein buntes Gefieder oder „Sonnenbräune".*

E 161g Canthaxanthin

Farbe: orange

Natürliches Vorkommen in Pfifferlingen und Krabben. Wird synthetisch hergestellt. Obwohl Canthaxanthin im Fischfutter verboten ist, wird es zum Umfärben gewöhnlicher Forellen in „Lachsforellen" eingesetzt. Auch Futtermittelzusatz zur Einstellung einer „natürlichen" Dotterfarbe bei Eiern und zur Pigmentierung blasser Hähnchenhaut. Bei Lebensmitteln nur noch zur Färbung von Straßburger Würstchen.

Canthaxanthin ist das einzige Carotinoid, das der Körper nicht in Vitamin A umwandeln kann. In Bräunungspillen wurde es verboten, weil es Augenschäden (Goldflitterphänomen) verursachte. Zyniker verweisen auf das Ausbleiben „funktioneller Langzeitschäden". Sie glauben, dass die Canthaxanthinablagerungen im Auge die Sehfähigkeit der Betroffenen gar nicht beeinträchtigen.

Vom ehemaligen Bundesgesundheitsamt als „riskanter Wirkstoff" eingestuft. Die Weltgesundheitsorganisation befürchtet, dass Canthaxanthin Leberschäden verursacht.

Bewertung: *Zulassung sollte wegen gesundheitlicher Bedenken widerrufen werden - egal ob für Le-*

Flamingo
Damit diese Wasservögel in unseren Zoos auch ohne die typische Nahrung ihrer Heimat ein farblich ansprechendes Gefieder entwickeln, bekommen sie Canthaxanthin ins Futter.

bens- oder Futtermittel. Damit wir auch in Zukunft unbesorgt Pfifferlinge oder Shrimps essen können, ohne eine kritische Grenze zu überschreiten.

161h Zeaxanthin

Farbe: gelb

Natürliches Xanthophyll; Xanthophylle sind eine Untergruppe der Carotinoide, die auch für die Gelbfärbung des Laubs im Herbst verantwortlich sind. Zeaxanthin kommt auch in vielen Lebensmitteln vor wie Safran, Mais, Spinat oder Paprika. Die Gehalte im Eidotter können sowohl aus den Futtermitteln als auch aus Futterfarben herrühren.

Der natürliche Gehalt an Zeaxanthin im Safran ist für dessen Aroma verantwortlich: Beim üblichen Rösten der geernteten Safranfäden bildet sich daraus Picocrocin und Safranal, die dem Risotto ihren typischen Geschmack verleihen.

Die oft beworbenen angeblich vorteilhaften Wirkungen auf das Auge sind nicht belegt.

Bewertung: *Als Lebensmittelfarbstoff unproblematisch.*

E 162 Beetenrot, Betanin

Farbe: rot

Natürlicher Farbstoff, der aus roten Rüben gewonnen wird. Betanin ist nach Angaben der Deutschen Forschungsgemeinschaft „nicht tödlich, selbst bei hohen Dosen“. Ein Problem kann jedoch der hohe Nitratgehalt des Rohstoffes darstellen. Deshalb dürfen im Extrakt pro Kilo Farbstoff nur zwei Gramm Nitrat vorhanden sein. Um die angebliche "krebsschützende" Wirkung des Farbstoffes ist es inzwischen sehr still geworden.

Bewertung: *Da es sich bei Beetenrot um einen Farbstoff handelt, der reichlich in einem traditionellen Lebensmittel enthalten ist, stehen einer Verwendung keine Bedenken entgegen.*

Interferenzfarben

Eine faszinierende Entwicklung sind die bereits auf dem Markt befindlichen Interferenzfarben. Es handelt sich um Farbstoffe aus ultradünnen Schichten von Glimmer (E 555, einem Rieselhilfsstoff im Salz) und Titandioxid (E 171). Auch wenn sie selbst keine „Farbe" vermitteln, so lässt sich damit ein breites Farbspektrum erzeugen - sogar mit Glitzereffekt.

Das physikalische Prinzip entspricht dem farbigen Schillern eines Ölfilms auf einer Wasserfläche. Der Effekt rührt daher, dass das Licht an der Oberfläche gebrochen wird - und zwar einmal an der Oberfläche des Ölfilms und ein andermal an der Grenzfläche zwischen Öl und Wasser. Da der Ölflilm extrem dünn ist, unterscheidet sich der Zeitpunkt des Auftreffens der beiden reflektierten Lichtstrahlen. Durch die bei der Interferenz auftretende Auslöschung bestimmter Wellenlängen sehen wir nur die Komplementärfarbe, die übrigbleibt. Da die „Dicke" des Ölfilms durch die Bewegung der Wasseroberfläche schwankt, entsteht ein buntes Farbenspiel.

Bei den Interferenzfarben bildet eine Schicht E 555 gewissermaßen die „Wasseroberfläche", die einen Teil des Lichtes reflektiert. Der Ölfilm darüber wird durch eine ultradünne Schicht Titandioxid „simuliert". Die Titandioxid-Schichten sind dabei so dünn, dass das an sich weiße Titandioxid lichtdurchlässig wird.

Durch präzise Wahl der Stärke der Titandioxid-Schicht lassen sich die Interferenzen auf eine bestimmte Farbe einstellen. Für den Farbton „gold" wird zusätzlich noch E 172, Eisenoxid verwendet.

Es handelt sich um eine Anwendung aus dem Gebiet der Nanotechnologie. Die Beurteilung fällt hier jedoch anders aus, als bei der Verwendung von Nanoteilchen. Das Gewebe stellt für viele Nanoteilchen keine undurchdringbare Barriere dar. Aber bei den Interferenzfarben werden nicht „Teilchen" verwendet, sondern Schichten, sie sind also viel größer.

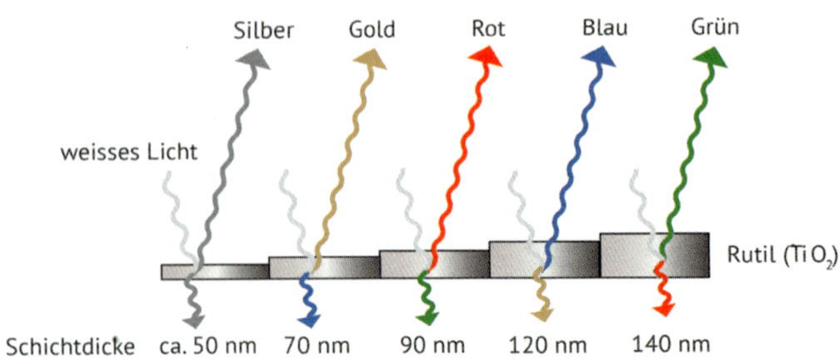

E 163 Anthocyane

Farbe: rot, blau, violett

Natürliche Farbstoffe in roten und violetten Gemüsen und Früchten. Bis heute sind über 300 verschiedene Strukturen bekannt. Die Gewinnung erfolgt meist durch Extraktion von Pressrückständen von roten Trauben (Delphinidin, Malvidin, Petunidin), Erdbeeren (Pelargonidin) oder Rotkohl (Cyanidin).

Leider sind viele Anthocyane instabil. Inzwischen hat sich gezeigt, dass die acetylierten Formen wesentlich robuster sind. Teilweise lässt sich die Stabilität auch durch einen Zusatz phenolischer Copigmente erhöhen. Da immer neue Spezialextrakte aus neuartigen Rohstoffen auf den Markt gelangen, fordert die EU-Lebensmittelbehörde EFSA dafür ebenfalls toxikologische Daten. Das ist geboten, da eine pauschale Zulassung von hunderten von Stoffen aufgrund einer Prüfung weniger Vertreter nicht akzeptabel ist.

Verschiedentlich werden Anthocyane als Krebsschutz beworben. Eine Studie der TU Kaiserslautern ergab, dass eine günstige Wirkung nur dann zu erwarten ist, wenn sie in geringer Menge aufgenommen werden. In höherer Konzentration schädigen sie jedoch die DNS.

Bewertung: Anthocyane dürfen als harmlos angesehen werden, solange sie natürlicher Bestandteil eines Lebensmittels sind. Sobald sie als „natürliche Farbstoffe", womöglich aus unüblichen Rohstoffen und in modifizierter Form, zugesetzt werden, betreten wir Neuland.

166 Santalin

Farbe: rot

Santalin wird aus dem dunkelpurpurnen Kernholz des Rotsandelholzbaumes (eine Leguminose) extrahiert und als „färbendes Gewürz" verwendet. Da die Farbextrakte aber kaum Eigengeschmack haben, handelt es sich in der EU um einen illegalen Farbstoff.

***Sandelholz** - einst eine Heringsfarbe*

In Asien hat Sandelholzextrakt eine lange Tradition, z. B. zur Färbung von Konserven, Soßen und Gewürzmischungen. Daneben als Bräunungsmittel für die Haut („chemisches Sonnenbad"), als Haarfärbemittel und für Solarzellen verwendet. Wurde früher auch in Europa zum Färben gepökelter Heringe verwendet.

Der Sandelholzbaum gilt mancherorts (z. B. in Andhra Pradesh, Indien) als gefährdete Art. Das Holz wird traditionell als Universalmedizin gegen alles und jedes (Kopfschmerzen, Diabetes, Skorpionstiche, Erblindung usw.) verwendet.

Bewertung: *Interessante Flavonoidfarbstoffe mit langer Tradition, bisher jedoch toxikologisch vollkommen ungeprüft.*

E 170 Calciumcarbonat

Farbe: weiß

Kreide, Kalkstein. Farbstoff für Dragees, Rieselhilfsstoff, Trägerstoff für Zusatzstoffe, Füllstoff für Kaugummi und Säureregulator für Quark und Roggenbrot. Daneben zum Entsäuern von Trinkwasser und Wein. Auch für Bio-Produkte zugelassen, jedoch nicht zur Färbung. Außerdem Düngemittel, Entsäuerungsmittel für Gewässer und Weißpigment für Wandfarben und Kosmetika.

Bewertung: *Gilt bei Verwendung als Zusatzstoff als unbedenklich. Siehe auch Nahrungsergänzungsmittel (Calcium, Seite 129).*

E 171 Titandioxid

Farbe: weiß

Mineralisches Pigment, für das inzwischen eine Herstellungsmethode bevorzugt wird, bei der keine umweltschädliche Dünnsäure mehr anfällt. Dient vor allem zum Weißfärben von Dragees und Kaugummi. Titandioxid ist reaktionsträge, unverdaulich und wird unverändert wieder ausgeschieden. Keine Nebenwirkungen bekannt, da kaum untersucht.

E 171 gibt es auch als Nanomaterial. Dann ist es jedoch nicht mehr weiß, sondern durchsichtig – und damit kein Farbstoff mehr. Seine Fähigkeit, UV-Strahlen zu absorbieren, bleibt dabei aber erhalten. Deshalb nicht nur für Sonnenschutzmittel interessant, sondern auch für Lebensmittel-Verpackungen und als Coating für die Lebensmittel selbst. Durch seine Lichtdurchlässigkeit Grundlage der neuartigen Interferenzfarbstoffe. Bis heute sind nur wenige toxikologische Daten bei oraler Aufnahme von Nano-Titandioxid verfügbar.

Bewertung: *Als Farbstoff wahrscheinlich unbedenklich, als Nano-UV-Filter in Verpackungen eher weniger bedenklich als herkömmliche UV-Absorber, die damit ersetzt* *werden. Als Nanopartikel in der Nahrung mangels verwertbarer Daten derzeit nicht akzeptabel. Interferenzfarben siehe Seite 32.*

E 172 Eisenoxide Eisenhydroxide

Farbe: gelb, rot, schwarz

Eisenoxidpigmente, die früher als „Ocker“ (Feldspat) oder „Persischrot“ bekannt waren. Als Ocker bereits für steinzeitliche Höhlenmalerei in Gebrauch. Heute werden die Farbstoffe synthetisch hergestellt. Rotes Eisenoxid: FeO(OH), gelbes Eisenoxid: Fe_2O_3, schwarzes Eisenoxid: $FeO \cdot Fe_2O_3$. Für Spezialeffekte bei Süßwaren. Als Farbstoffe sehr stabil aber ohne Leuchtkraft. Alle Eisenoxide werden praktisch unverändert wieder ausgeschieden.

Bewertung: *Da diese Verbindungen nicht zur Eisenversorgung beitragen, sind sie unbedenklich. (siehe auch 381 und E 579, Seite 37)*

E 173 Aluminium

Farbe: silbergrau

Elektrolytisch aus Bauxit hergestellt. Verwendung als metallisches Pulver. Pulverwolken können im Herstellerwerk zu Staubexplosionen führen.

Aluminium wird seit langem als Ursache für Demenzerkrankungen diskutiert, nachdem die Alu-Gehalte im Gehirn von Alzheimerpatienten deutlich erhöht sind und sich mit Alu im Tierversuch ähnliche Krankheitsbilder erzeugen lassen. Aluminium wird in Verbindung mit Zitronensäure (E 330), Glutamat (E 620) oder Maltol (646) besonders leicht vom Körper aufgenommen.

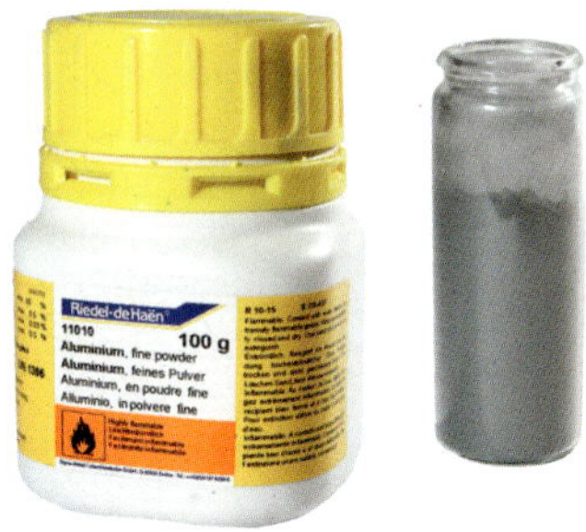

Bewertung: *Da die Hauptaufnahme von Aluminium über saure Speisen erfolgt, die in Aluminiumgefäßen gelagert werden (z. B. Salate mit Dressing, Obstsalat oder mariniertes Fleisch in Aluschalen, Brezeln, die auf Alublech gelaugt wurden, Lindenblütentee in Feldflaschen), ist die Zufuhr durch Dekor-Zuckerkügelchen beim Kindergeburtstag zu vernachlässigen.*

E 174 Silber

Farbe: silbern

Farbstoff für Süßwaren und Desinfektionsmittel für Trinkwasser. Daneben dubioses Nahrungsergänzungsmittel. Leicht lösliche Silbersalze ätzen die Haut und sind beim Einatmen und Verschlucken gesundheitsschädlich. Tierversuche ergaben bedenkliche Befunde am Immunsystem. Blockiert die Funktion zahlreicher Enzyme.

Wird als Farbstoff in sauren Produkten verwendet, in denen das billigere Aluminium zu instabil wäre. In der Küche in Form von Silberbesteck üblich, da blankgeputztes Silber im Gegensatz zu Gold desinfizierend auf die Speisen wirkt – allerdings ohne dabei selbst ins Essen zu gelangen.

Bewertung: *Die Anforderungen bei einer Verwendung von Silber als Desinfektionsmittel von Trinkwasser etc. sind sehr komplex. Sie lassen erkennen, dass den Zulassungsbehörden dabei offenbar auch nicht ganz wohl ist. Eine abschließende Bewertung des Risikos als Lebensmittelfarbe ist derzeit nicht möglich. Als Nahrungsergänzung bedenklich.*

E 175 Gold

Farbe: golden

Zum Verzieren von Dragees, Pralinen und dekorativen Spirituosen (Danziger Goldwasser). Gold ist unlöslich und wird unverändert wieder ausgeschieden. Sein Preis beschränkt die Anwendung.

Bewertung: *Da sich viele Menschen Gold als Zahnersatz direkt in den Mund applizieren lassen, wird das Element offenbar nicht als kritisch angesehen. Allergien auf Goldschmuck beruhen gewöhnlich auf anderen Elementen, die mitverarbeitet wurden.*

E 180 Litholrubin BK

Farbe: rot

Hitze- und lichtbeständiger Azofarbstoff. Langzeitstudien ergaben bei Ratten und Mäusen eine erhöhte Sterblichkeit. Verschiedenste Nebenwirkungen auf Nieren, Schilddrüse, Milz und Immunsystem. Gelegentlich Allergien. Zulassung nur für „essbare" Käserinde, sowie Lippenstifte und Make-up.

Bewertung: *Die Zulassung für Käsepelle sollte widerrufen werden. Völlig sinnfreie Anwendung.*

381 Eisenammoncitrat

E 579 Eisen-2-gluconat

E 585 Eisen-2-lactat

Farbe: schwarz

Gelten lebensmittelrechtlich nicht als Farbstoffe, obwohl zum Schwärzen von Oliven zugelassen. Echte Tafeloliven verdanken ihre dunkle Haut einer aufwendigen Fermentation. Diese dient dazu, die Früchte zu entbittern, da rohe Oliven ungenießbar sind. Beim Fermentieren werden sie auch weicher. Das ist jedoch bei Oliven für Tiefkühlpizzen unerwünscht, da sie nach dem Aufbacken breiig wären. Deshalb werden unreife grüne Oliven stattdessen chemisch entbittert und anschließend umgefärbt.

Auch wenn die Ware als „geschwärzt" deklariert wird, so bleibt es letztlich doch ein Fall von Täuschung, die vom Gesetzgeber so gewollt ist. Denn welcher Kunde ahnt schon, dass ihm unreife Oliven untergejubelt werden.

Außerdem zugelassen zur Eisenanreicherung von Diätprodukten. Dabei wird oft vergessen, dass nicht nur ein Eisenmangel, sondern auch eine reichliche Versorgung problematisch sein kann: Eisen ist ein essenzieller Nährstoff für die allermeisten Krankheitserreger und fördert außerdem Entzündungsprozesse. Deshalb sorgt der Körper bei Infekten oder Entzündungen für niedrige Eisenwerte im Blut. Dies ist nebenbei bemerkt der Grund, warum bei Schwangeren im dritten Trimester ein vermeintlicher Eisenmangel auftritt: Dadurch wird das Infektionsrisiko bei einer Geburt deutlich gesenkt.

Bewertung: *Die „Extraportion" Eisen auf einer Pizza in Form von fünf winzigen rabenschwarzen Oliven ist gesundheitlich belanglos. Relevant ist jedoch die Täuschung des Verbrauchers durch das große Angebot an chemisch entbitterten, unfermentierten Oliven, die der Kunde irrtümlich für traditionelle Spezialitäten hält. Diese werden vor allem an Marktständen mit „griechischen Spezialitäten" verkauft.*

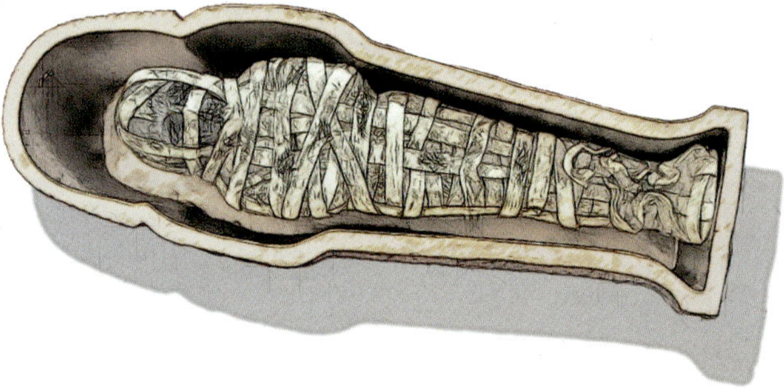

Konservierungsmittel

Konservierungsstoffe verzögern den Verderb durch Schimmelpilze und Bakterien. Eine Haltbarmachung ist in einer arbeitsteiligen Gesellschaft unverzichtbar, in der die Zutaten nicht mehr aus dem eigenen Garten oder eigener Tierhaltung direkt in die Küche zur sofortigen Verarbeitung mit anschließendem Verzehr gelangen.

Um Lebensmittel für den Winter haltbar zu machen wurden früher im Haushalt recht drastische Konservierungsmethoden genutzt. Beispielsweise die Hocherhitzung im Autoklaven oder die Verwendung fragwürdiger Haltbarmacher wie Salicylsäure. Doch damals waren die Konservierungsmethoden noch vom Hunger diktiert.

Der Wunsch nach ganzjähriger Verfügbarkeit saisonaler Produkte, sowie nach Fertiggerichten führte zur Entwicklung zahlreicher neuartiger Konservierungsverfahren. Obst und

Gemüse werden im CA-Lager (CA = Controlled Atmosphere) frischgehalten, Pizzen tiefgefroren, Feinkostsalate mit biotechnologischen Schutzkulturen vor dem Verderb geschützt, Getränke mit dem bisher deklarationsfreien DMDC (E 242) desinfiziert, Milch mit Baktofugen, Gulaschsuppen mit Stromstößen (Ohmic Heating), Shrimps mit ionisierender Strahlung und stille Mineralwässer offenbar per Elektrolyse entkeimt. „Chemische" Konservierungsmittel werden vor allem dort genutzt, wo keine Deklaration erforderlich ist.

Diese Geheimniskrämerei ist aus Verbrauchersicht inakzeptabel - umso mehr als einige der genannten Verfahren wie das CA-Lager für Frischobst der Qualität zuträglicher sind als beispielsweise das früher übliche Einkochen. Ein Aufdruck „ohne chemische Konservierungsmittel" ist angesichts der Fülle der deklarationsfreien Konservierungstechnologien genau genommen eine Art der Irreführung, wenn auch oft im Einklang mit dem Lebensmittelrecht.

Anzuerkennen ist, dass sich die hygienischen Bedingungen in der Lebensmittelindustrie und der Gastronomie in den letzten zwei Jahrzehnten erheblich verbessert haben.

E 200 Sorbinsäure
E 202 Kaliumsorbat
E 203 Calciumsorbat

Die Sorbinsäure gilt als unbedenklich, da sie vom Gesunden wie jede andere Fettsäure verstoffwechselt wird. Sie kann aber den Eigengeschmack des Lebensmittels beeinträchtigen.

Natürliches Vorkommen in Beeren, vor allem in Cranberries. Die Herstellung erfolgt durch Synthese aus Keten und Crotonaldehyd. Aufgrund der günstigen toxikologischen Daten breite Zulassung.

Bewertung: *Unbedenkliches Konservierungsmittel.*

E 210 Benzoesäure
E 211 Natriumbenzoat
E 212 Kaliumbenzoat
E 213 Calciumbenzoat

Die Benzoesäure ist in der Pflanzenwelt weit verbreitet. Sie fungiert als Pflanzenhormon sowie als Abwehrstoff gegen Erreger von Pflanzenkrankheiten. Auch mit den Abwässern der Papierverarbeitung gelangen erhebliche Mengen in die Umwelt. Sie entsteht zudem bei der Fermentation von Lebensmitteln. Deshalb ist sie auch ein natürlicher Bestandteil von Milchprodukten, Obst und Honig.

Im menschlichen Körper entsteht sie beim Abbau von Flavonoiden, die wiederum als „gesund" gelten. Die pharmakologischen Nebenwirkungen finden zunehmend das Interesse der Arzneimittelhersteller: Benzoesäure und seine chemische Verwandtschaft senken die Blutfette und inaktivieren Grippeviren. Ihre schmerzlindernden und entzündungshemmenden Effekte werden derzeit klinisch geprüft.

Bei der Fütterung von Nutzvieh spielt Benzoesäure eine wichtigere Rolle als bei Nahrungsmitteln. Nach dem Verbot der Wachstumsförderer („Fütterungs-Antibiotika") in der Mast hat sie diese ersetzt. Benzoesäure sorgt für gesündere Tiere, eine bessere Mastleistung und senkt die Umweltbelastung durch tierischen Dünger. Sie säuert den Urin an, was die Emissionen an Ammoniak in den Güllelägern vermindert. Dieser Effekt bleibt auch dann noch erhalten, wenn die Gülle auf den landwirtschaftlichen Flächen ausgebracht wird. Dadurch können die Emissionen an Stickoxid deutlich gesenkt werden.

Nichts für Katzen
Auch in Erdbeeren steckt von Natur aus ein klein wenig Benzoesäure. Fleischfressern wie Katzen fehlt die Fähigkeit Pflanzenstoffe zu entgiften. Deshalb können für sie Lebensmittel, die mit Benzoesäure konserviert sind, tödlich sein.

Allerdings vertragen nicht alle Lebewesen die Substanz gleichermaßen, Fleischfresser können den sekundären Pflanzenstoff nicht entgiften. Deshalb verbietet der Gesetzgeber die Benzoesäure und ihre Salze im Hunde- und Katzenfutter. Für Katzen können bereits fünf Promille tödlich sein. Aus diesem Grunde sollten Lebensmittel, die mit Benzoesäure konserviert wurden, wie z. B. Fischsalat, nicht an Haustiere verfüttert werden.

Beim Menschen lösen E 210 – E 213 vergleichsweise häufig Allergien (Asthma, Nesselsucht) aus. Benzoesäure verändert die Resorption von Arzneimitteln wie Ketoprofen. In Gegenwart von Ascorbinsäure (E 300) entsteht aus Benzoesäure Benzol. Warum dies vor allem bei süßstoffhaltigen, zuckerfreien Getränken passiert, ist bis heute unklar. Benzoesäure dient vor allem zur Konservierung von Feinkost.

Bewertung: *Während die Verwendung von Benzoesäure in der Ernährung von pflanzenfressenden Nutztieren als vorteilhaft angesehen werden darf, ist sie bei Nahrungsmitteln umstritten. Da sie einerseits ein natürlicher Bestandteil vieler Lebensmittel ist, andererseits aber beim Menschen auch pharmakologisch genutzt wird, ist lediglich ein begrenzter Einsatz akzeptabel.*

E 214 Ethyl-p-hydroxybenzoat

E 215 Natriumethyl-p-hydroxybenzoat

E 218 Methyl-p-hydroxybenzoat

E 219 Natriummethyl-p-hydroxybenzoat

PHB-Ester (engl. Parabene) bewirken im Lebensmittel einen guten Schimmelschutz. Im Tierversuch wirkten sie gefäßerweiternd und wurden sogar schon als Betäubungsmittel für Frösche vorgeschlagen. Ihre krampflösende Wirkung übertrifft die von Natriumbenzoat (E 211) um mehr als das Hundertfache.

Die Ester haben östrogene Eigenschaften und wurden in menschlichen Brusttumoren nachgewiesen. Als Ursache gilt die Verwendung von PHB-Estern in Körperpflegemitteln. In Lebensmittel werden sie oftmals über andere Zutaten wie Enzyme (z. B. Flüssiglab) ohne Deklaration eingeschleppt. Sie lösen relativ häufig Allergien aus.

In Lebensmitteln nur noch selten verwendet, jedoch breite Anwendung bei Kosmetika, Farben und Beizen. Die beiden zuletzt genannten Anwendungen sind von Bedeu-

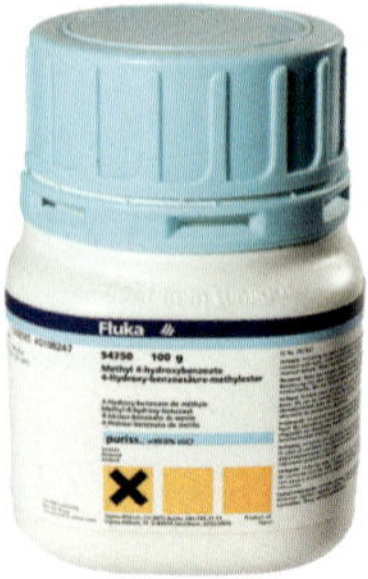

E 218
Ein Verbot, wie es bereits für E 216 und E 217 erfolgte, ist vermutlich nur noch eine Frage der Zeit.

tung, weil die PHB-Ester nach dem Anstreichen in die Raumluft „verdunsten" (sublimieren).

Bewertung: *Toxikologisch eindeutig ungünstiger als Benzoesäure. Deshalb sollte die Zulassung widerrufen werden. Dieses ist inzwischen aufgrund der beschriebenen Nebenwirkungen für die PHB-Ester E 216 und E 217 erfolgt. Siehe Seite 184.*

E 220 Schwefeldioxid
E 221 Natriumsulfit
E 222 Natriumhydrogensulfit
E 223 Natriummetabisulfit
E 224 Kaliummetabisulfit
E 226 Calciumdisulfit
E 227 Calciumbisulfit
E 228 Kaliumbisulfit

Schwefeldioxid und Sulfite, die Schwefeldioxid freisetzen, sind nicht nur Konservierungsmittel, sondern auch Antioxidantien und dienen gleichermaßen der Schönung. Sie gehören zu den universellen und ältesten von der Menschheit genutzten Zusatzstoffen. Wein wird seit Jahrtausenden geschwefelt, um Fehlgärungen, Geschmacksfehler und Trübungen zu verhindern. Nebenbei dient etwas Schwefel der Hefe sogar als Nährstoff. Auch für vielerlei Gemüse- und Obstprodukte verwendet, die sich bei der weiteren Verarbeitung, vor allem bei Zerkleinerung oder Trocknung dunkel verfärben wie Trockenobst oder Meerrettich.

Sulfit kann bei empfindlichen Personen Kopfschmerzen, Übelkeit oder Asthmaanfälle hervorrufen. Todesfälle durch anaphylaktische Schocks sind bekannt. Aus diesem Grunde gilt in der EU eine erweiterte Deklaration zum Schutz von Allergikern: Ab einem Restgehalt von 10 mg/kg ist eine Kennzeichnung verpflichtend. E 220 und E 224 sind für Bio-Produkte zugelassen.

Die Kritik am „Schwefeln" des Weines hat vor allem zwei Gründe: Schwefel und Arsen kommen in der Natur vergesellschaftet vor. Früher (also vor 1900) bevorzugten die Winzer arsenhaltigen Schwefel, da er stärker konservierend wirkte. Es dauerte weitere 50 Jahre bis das Rattengift Arsen endgültig aus den Kellern und Weingärten (wichtiges Pestizid) verschwunden war (siehe Seite 189).

Getrocknete Aprikosen

Der Unterschied zwischen geschwefelten und unbehandelten Früchten ist augenfällig. Wer will schon ein Müsli mit verfärbtem Obst essen?

Der zweite Grund hängt mit der früher beliebten Verwendung von Schwefel zusammen, um Fehlgärungen zu stoppen. Bei Fehlgärungen entstehen allerlei Verbindungen, die bei empfindlichen Menschen Kopfschmerzen auslösen können. In diesen Fällen war ein hoher Schwefelgehalt nur der Marker für unerwünschte Begleitstoffe. Allerdings gibt es mehr Ursachen für Kopfschmerz nach maßvollem Weinkonsum, wie beispielsweise der Gehalt an Polyphenolen.

Bewertung: *Das „Schwefeln" des Weines ist ein traditionelles und sehr wirksames Verfahren. Leider gibt es empfindliche Personen, die Sulfit oder seine Reaktionsprodukte nicht vertragen. Durch die Allergenkennzeichnung ist diesem Risiko Rechnung getragen. Nichtsdestotrotz ist es weiterhin sinnvoll, den Einsatz bei Gemüsen zu minimieren.*

E 231 Orthophenylphenol
E 232 Natrium-Orthophenylphenol

Pilztötende Pestizide für Zitrusfrüchte, die meist in Kombination mit Netzmitteln und Wachsen als Tauchbad eingesetzt werden. Im Tierversuch förderten sie Blasenkrebs, vor allem die Kombination E 232 mit 233.

Beim Schälen überträgt man mit den Fingern einen Teil des Zusatzes auf das Fruchtfleisch. Gelegentlich sind die Einwickelpapierchen mit diesen Mitteln imprägniert. Da diese Stoffe leicht verdunsten, genügt es, nur wenige Orangen damit zu umhüllen. Es ist ratsam, Kinder nicht mit den Papierchen spielen zu lassen.

Bewertung: *Fragwürdige Zusatzstoffe – die auch in den Orangenhainen als Pestizide verwendet werden und dort teilweise noch höhere Rückstandsgehalte auf den Orangen verursachen als bei einer gezielten Behandlung nach der Ernte.*

Apfelsine ohne Schimmelschutz

Zitrusfrüchte sind besonders anfällig für grünen Schimmel. Fungizide verringern die Verluste durch Verderb, was der Ökobilanz zugute kommt. Dadurch leidet im Gegenzug die „Gesundheitsbilanz".

233 Thiabendazol

Wurde aus der Liste der Zusatzstoffe gestrichen und wird seither als Pestizid geführt. Dadurch verlor der Stoff das „E" in seiner E-Nummer 233. Am Einsatz ändert sich dadurch nichts: Es dient weiterhin als Schimmelschutz für Zitrusfrüchte und Bananen. Für Orangen ist der Hinweis „konserviert mit Thiabendazol" vorgeschrieben, nicht jedoch für Bananen, obwohl die Aufnahme gleichermaßen beim Schälen über die Hände erfolgt.

233 wird außerdem als Arzneimittel gegen parasitische Würmer verwendet. Höhere Dosen verursachen im Tierversuch Schäden an Nieren, Leber und Blut bildenden Organen sowie krebsartige Veränderungen der Schilddrüse.

Bewertung: *Eine Substanz, die aufgrund ihrer erheblichen Toxizität als Pestizid und Arzneimittel verwendet wird, ist schwerlich als Zusatz für Frischobst vertretbar.*

E 234 Nisin

Nisin ist der Sammelname für eine Gruppe von Eiweißstoffen mit antibiotischer Wirkung, fachsprachlich Bakteriozine genannt. Sie werden von Bakterien (*Streptococcus lactis*) gebildet, die häufig in roher Milch vorkommen. Der Zusatzstoff Nisin wird jedoch technisch von anderen Mikroorganismen (Streptomyceten) erzeugt. Obwohl Nisin ein Eiweiß ist, ist es hitzestabil und übersteht sogar die Bedingungen der Schmelzkäseherstellung.

Nisin gilt für den Gesunden als harmlos, da man erwartet, dass es von den Verdauungsenzymen in kurzer Zeit abgebaut wird. Die Senatskommission der Deutschen Forschungsgemeinschaft (DFG) zur Prüfung von Lebensmittelzusatzstoffen hatte bereits 1984 festgestellt, dass ihrer Ansicht nach gegen den Zusatz von Nisin zu Schmelzkäse keine Bedenken bestehen.

Wurde von der EU für Grießpudding und Käse zugelassen. Daneben eignet es sich besonders zur Bekämpfung von unerwünschten Keimen bei der Produktion von Reinzuchthefen für Winzer und Brauer und sogar zur Konservierung von Bier.

Inzwischen haben sich resistente Keime (z. B. Clostridien) entwickelt. Die Entstehung von Resistenzen ist im evolutionären Wettlauf unvermeidlich. In ähnlicher Weise hat die Einhaltung der Kühlkette zur Selektion kältetoleranter Verderbniserreger dazu geführt, dass sich diese nun in den Kühlanlagen etablieren. Im Fall der Bakteriozine bzw. Antibiotika wirkt ein regelmäßiger Wechsel der Mittel einer Anpassung der Keime entgegen.

Bewertung: *Akzeptables Konservierungsmittel, da es nicht in der Humanmedizin verwendet wird.*

E 235 Natamycin

Bewährtes und gut verträgliches Antimykotikum gegen Fußpilz, Mundfäule und Candidainfekte der Genitalien. Wird in der EU auf Käserinde und Wurstpelle aufgesprüht. Da es sehr wirksam das Schimmelwachstum unterdrückt, genügt eine niedrige Dosierung. Außerhalb der EU für zahlreiche Produkte verwendet wie Rotwein, Sojasoße, Salatsoße, Fruchtsaft und Kuchen.

Sein Einsatz in der Lebensmittelindustrie lässt eine allmähliche Resistenzentwicklung bei Krankheitskeimen befürchten. Deshalb fordert das Bundesinstitut für Risikobewertung (BfR) eine restriktive Zulassungspolitik. Aus diesem Grund rät es dem Verbraucher, die Rinde von behandeltem Käse bzw. die Pelle von natamycinhaltiger Wurst zu entfernen und bei Produkten ohne Rinde die Randschicht einen halben Zentimeter dick abzuschneiden. Die Lebensmittelbehörde der EU (EFSA) vermag hingegen kein Resistenzrisiko zu erkennen.

Bewertung: *Da Natamycin ein Makrolid-Antibiotikum gegen Pilzinfektionen darstellt und – wenn auch selten – bereits Resistenzen gegen Aspergillen und andere Pathogene beobachtet wurden, ist E 235 als Zusatzstoff keine gute Wahl.*

E 239 Hexamethylentetramin

Feuergefährliches Universalreagenz, das früher auch als Arzneimittel gegen Gicht und Harnwegsinfekte eingesetzt wurde, daneben als Vulkanisationsbeschleuniger und Grundstoff zur Sprengstoffherstellung.

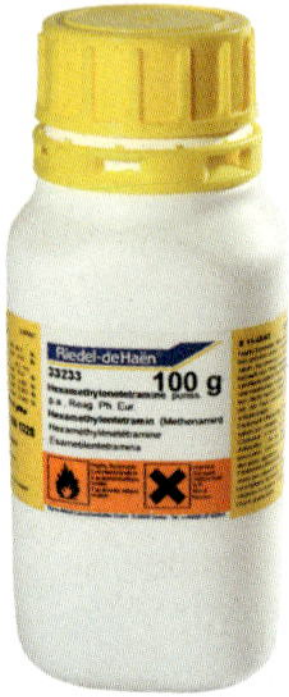

Hexamethylentetramin
geruchlos, farblos und süß. Zur Herstellung des Sprengstoffs Cyclonit; Trockenbrennstoff für Campingkocher; Korrosionsinhibitor für Stahl; Stabilisator für Schmierstoffe und Zusatzstoff für italienische Käsespezialitäten.

Spaltet im Lebensmittel Formaldehyd ab. Dies tötet Mikroorganismen, inaktiviert zugesetzte Enzyme und reagiert mit dem Eiweißanteil im Produkt. Die gesundheitliche Bewertung des veränderten Eiweißes ist unklar. Seine Anwendung ist auf die Käsesorte Provolone beschränkt. E 239 verhindert die Spätblähung, eine „Käsekrankheit".

Gelegentlich auch als Silierhilfe für Futtermittel, als Konservierungsstoff in Kosmetika, Härtungsmittel für Leim, in Salben zur Behandlung von Harnwegsinfekten und in Aknemitteln zur innerlichen Einnahme. Allerdings ist bei der Herstellung der genannten Produkte aus Gründen der Arbeitssicherheit eine „Berührung mit der Haut zu vermeiden".

Bewertung: *Als Zusatzstoff ein Anachronismus nachdem es unproblematischere Mittel für den genannten Zweck gibt. Aus Sicht traditionsbewusster italienischer Molkereien aber ein typisches Merkmal eines echten Provolone.*

E 242 Dimethyldicarbonat

Ein so genanntes „Kaltentkeimungsmittel" für Fruchtsaftgetränke, vor allem für Apfelsaftschorles, sowie Eistee und alkoholfreien Wein. Es wird für praktisch alle kohlensäurearmen Getränke benötigt, die in PET-Flaschen abgefüllt werden. PET ist im Gegensatz zu Glas nicht hitzestabil, so dass keine keimtötende Heißabfüllung möglich ist. Dimethyldicarbonat zersetzt sich unmittelbar nach der Zumischung in Methanol (S. 139) und Kohlendioxid. (S. 50)

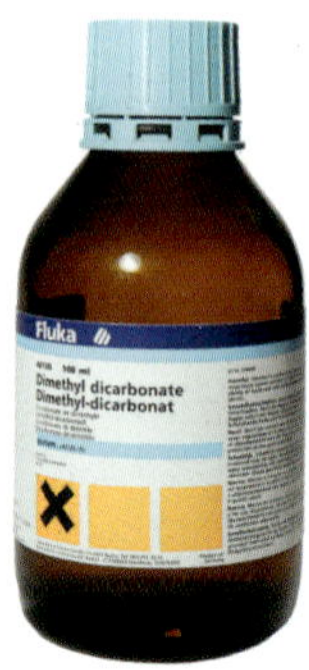

Auszug aus den Sicherheitshinweisen für E 242:
„Gesundheitsschädlich bei Verschlucken. Verursacht schwere Verätzungen der Haut und schwere Augenschäden. Lebensgefahr beim Einatmen."

Dabei werden nicht nur die vorhandenen Mikroorganismen abgetötet, sondern auch zahlreiche Nebenreaktionen mit Lebensmittelinhaltsstoffen ermöglicht.

Das chemisch eng verwandte Diäthyldicarbonat musste deshalb vom Markt genommen werden. Eine Deklaration des rabiaten Desinfektionsmittels ist vermutlich erst ab 2014 erforderlich.

Bewertung: *Es ist indiskutabel, einen derart reaktiven Konservierungsstoff ohne jede Deklaration in großem Stile einzusetzen. Dies ist weniger eine Frage der rechtlichen Normen als der Ehrlichkeit gegenüber dem Kunden. Die saubersste Alternative wäre eine aseptische Abfüllung, die allerdings teurer ist.*

E 249 Kaliumnitrit
E 250 Natriumnitrit
E 251 Natriumnitrat
E 252 Kaliumnitrat

Nitrate und Nitrite dienen zur Umrötung von Schinken, Wurst und Kasseler, um eine kochstabile rote Pökelfarbe zu erzielen. E 251 und E 252 werden außerdem als Konservierungsmittel für Schnitt- und Hartkäse sowie zur Reifung bzw. Haltbarmachung von Anchosen (z. B. eingelegte Heringe) verwendet. Das giftigere Nitrit, das deshalb in deutlich geringerer Menge als das Nitrat verwendet wird, darf zum Schutz vor Überdosierungen nur mit Salz vermischt (fünf Promille Nitrit) an den Metzger verkauft werden.

Nitrat

Nicht nur zum Umröten von Wurst. Als Düngemittel hat es die Bevölkerungsexplosion im 20. Jahrhundert ausgelöst, und als Sprengstoff zwei Weltkriege mit Munition versorgt.

Akut giftig ist Nitrit für Kleinkinder. Es blockiert den Sauerstofftransport im Blut, sodass Blausucht (Methämoglobinämie) entstehen kann. Beim Erwachsenen stand bisher das Krebsrisiko im Vordergrund: Nitrat wird im Speichel in Nitrit umgewandelt und kann so wie Nitrit in Magen und Darm zu krebserzeugenden Nitrosaminen reagieren. Inzwischen rücken positive Eigenschaften in den Vordergrund. Denn der Körper bildet aus Nitrat über die Zwischenstufe Nitrit schlussendlich Stickoxid, das er zur Steuerung von Blutdruck, Immunfunktion, Wundheilung und Nervensystem nutzt.

Im Magensaft tötet das im Speichel neugebildete Nitrit außerdem Krankheitserreger wie Salmonellen oder *Helicobacter* ab. Die antibakterielle Wirkung zeigt sich bereits im Mund: Je mehr Nitrit im Speichel, desto seltener ist Karies. Nitrit wird inzwischen sogar therapeutisch als Leber- und Nervenschutzstoff genutzt. Über die Bildung von Stickoxid sorgt es für eine bessere Durchblutung verengter Gefäße.

Die Befürchtung einer messbar höheren Krebsrate durch Nitrat über die Bildung von Nitrosaminen hat sich nicht bestätigt. Die Korrelationen zwischen dem Auftreten von Krankheiten und dem Nitratgehalt im Trinkwasser haben offenbar einen völlig anderen Grund: Erhöhte Nitratwerte sind nicht selten Marker für eine Verunreinigung des Grundwassers durch Fäkalien. Darin befinden sich nicht nur riskante Substanzen sondern vor allem Krankheitserreger aller Art, vor allem Viren. Deshalb sind erhöhte Nitratgehalte im Grund- bzw. Trinkwasser auch weiterhin ein Alarmsignal.

Der größte Teil des Nitrats bzw. Nitrits im menschlichen Körper stammt weder aus dem Trinkwasser noch aus Wurst, Schinken oder Schnittkäse sondern aus Gemüse und Salat. E 250 und E 252 sind auch für Bio-Produkte zugelassen.

Bewertung: *E 250 und E 252 sind anschauliche Beispiele für Zusatzstoffe, die aus gutem Grund lange als problematisch eingeschätzt wurden, die sich inzwischen – zumindest für Erwachsene - als ziemlich nützlich entpuppt haben.*

E 280 Propionsäure
E 281 Natriumpropionat
E 282 Calciumpropionat
E 283 Kaliumpropionat

Propionsäure ist ein natürlicher Spurenstoff in Blauschimmelkäse. In höherer Konzentration verströmt sie einen stechenden Geruch und ätzt die Schleimhäute. Bei Ratten verursacht sie Veränderungen (Hyperplasien) des Vormagens, die als Vorstufe von Krebs gedeutet werden. Nach Auffassung des ehemaligen Bundesgesundheitsamtes für den Menschen ohne jede Bedeutung, da er keinen Vormagen besäße.

Als jedoch absehbar war, dass die EU im Rahmen der Harmonisierung die Propionsäure in Europa erlauben würde, griff die deutsche Politik das Thema auf und erließ mit dem Hinweis auf das angeblich hohe deutsche Verbraucherschutzniveau noch schnell ein Verbot der Propionsäure. Lautstark wurden die Pläne der EU als verbraucherfeindlich attackiert.

Für die Hersteller hatte dies jedoch so gut wie keine Folgen, denn kurz nach dem Verbot ließ die EU die bewährte Propionsäure wieder für Schnittbrot und Brot zum Fertigbacken zu. Damit war wieder alles beim Alten, - und der Propaganda-Coup der Verbraucherschutzpolitiker gelungen. Neben seinem Einsatz in der Bäckerei auch zur Haltbarmachung von Futtermitteln und Kosmetika verwendet.

Bewertung: *Nicht der ideale Zusatz für das Grundnahrungsmittel Brot. Aber im Schweinefutter okay.*

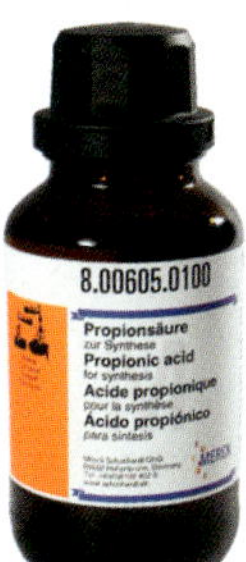

Propionsäure
Spielball der Verbraucherschutzpolitik.

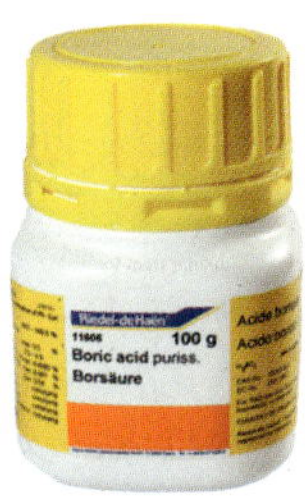

Borsäure
Das dunkle Geheimnis des echten Kaviars.

E 284 Borsäure
E 285 Natriumtetraborat (Borax)

Von der EU nur für echten Kaviar (Störrogen) zugelassen. Sie legalisierte damit eine früher verbotene, aber verbreitete Praxis, die von den Behörden praktisch nicht geahndet wurde. Der Grund: Die UdSSR als wichtigster Kaviarlieferant bestand auf der Verwendung von Borat. Wäre die Einhaltung dieses Verbot seitens der Lebensmittelüberwachung überprüft worden, hätte es in Deutschland alsbald keinen Kaviar mehr gegeben.

Da beide Stoffe nur schwach wirksam sind, werden relativ hohe Dosen zur Konservierung benötigt. Sie fallen als Nebenprodukte bei der Herstellung von Waschmitteln an.

Borate gelten als Gifte, die sich im Körper anreichern und zu Nierenschäden führen. Es ist kein Gegenmittel bekannt. Wir nehmen Borate nicht nur aus Kaviar auf, sondern vor allem aus Trinkwasser (bis zu 13 mg Borax pro Liter zulässig), aus Kunststoff-Verpackungen (Migrat ebenfalls 13 mg Borax pro Kilo), Kosmetika und Arzneimitteln. Auch als Flammschutzmittel in Textilien.

Bewertung: *Borsäure ist als Lebensmittelzusatz ungeeignet.*

E 290 Kohlendioxid

Treibgas, Aufschäummittel, Extraktionslösungsmittel, Säuerungsmittel, Konservierungsstoff und Tiefgefriermittel. Gewonnen entweder in den Gärkellern von Brauereien oder aus Quellen als „Quellkohlensäure", meist aber aus den Verbrennungsgasen industrieller Prozesse. Nach dem Waschen wird das Gas durch Komprimieren verflüssigt. Kohlendioxid entsteht daneben auch über Backpulver (E 500) in Brot und Gebäck und ersetzt so die Hefe, die ihrerseits CO_2 in Teigen freisetzt.

Kohlensäure dient in Limonaden, Bier und Sprudel nicht nur der Erfrischung sondern vor allem zur Unterdrückung unerwünschter Keime. Als Schutzgas in Verpackungen erhöht es die Haltbarkeit von Obst, Gemüse und Backwaren. In Lägern für Getreide, Ölsaaten und Gewürzen wirksames Mittel zur Bekämpfung von Schädlingen. Sog. überkritisches Kohlendioxid ist unverzichtbar bei der Extraktion „natürlicher Aromastoffe" aus Rohstoffen aller Art. Auch für Bio-Produkte zugelassen.

In Schlachthöfen zur Betäubung von Geflügel und Schweinen verwendet. Als Trockeneis zum Erzeugen von Bühnennebel.

Bewertung: *In der in Lebensmitteln üblichen Dosis harmlos. Täglich atmet der Mensch je nach Stoffwechsel etwa 700 Gramm CO_2 über seine Lunge aus.*

925 Chlor

926 Chlordioxid

Zum Chloren (Entkeimen) von Trinkwasser und zum Bleichen von Nussschalen (Walnüsse). 925 kann zur Bildung von unerwünschten Stoffen wie Chloroform führen. Diese werden vor allem beim Duschen eingeatmet oder durch die Haut aufgenommen. Gechlortes Wasser kann außerdem die Schilddrüsenfunktion beeinflussen. Es ist jedoch erforderlich, Nutzen (hygienisch einwandfreies Trinkwasser) und Nebenwirkungen gegeneinander abzuwägen. 926 wird auch als Desinfektionsmittel in Lebensmittelbetrieben verwendet. Es bildet deutlich weniger Nebenprodukte als 925.

Bewertung: *Die Entkeimung von Trinkwasser ist unabdingbar – auch dann, wenn im Einzelfall Nebenwirkungen nicht auszuschließen sind. Da 926 ebenso wirksam wie 925 ist, sollte aufgrund des günstigeren toxikologischen Profils Chlordioxid verwendet werden.*

E-Nummern ohne E

Einigen Stoffen in dieser Liste fehlt das üblicherweise vorangestellte „E“ wie z. B. beim Chlor „925“. Dabei handelt es sich um die INS-Nummer (International Numbering System) des Codex Alimentarius, nach dem Zusatzstoffe weltweit klassifiziert werden.
Eine E-Nummer wird erst dann vergeben, wenn der Stoff vom Wissenschaftlichen Lebensmittelausschuss der EU geprüft wurde. Viele Zusätze wie die meisten Aromastoffe, Enzyme oder technischen Hilfsstoffe tragen weder eine E-Nummer noch eine INS-Nummer.

E 1105 Lysozym

Lysozym ist ein Enzym, das aus Hühnereiern oder gentechnisch umgebauten Hefen bzw. Bakterien gewonnen wird. Ersetzt bei Schnittkäse das umstrittene Hexamethylentetramin (E 239) und den Salpeter (E 251, E 252). Es greift vor allem die Zellwände von Clostridien an. Daneben zur Aromaverbesserung bei Erbsen und Bohnen verwendet.

Hühnereiallergiker sollten berücksichtigen, dass eine Deklaration nicht immer erforderlich ist. Durch die Extraktion aus den Eiern in den Aufschlagwerken (also dort, wo die Eier zur weiteren Verwertung aufgeschlagen werden) erhält der Abnehmer von Eipampe natürlich nicht mehr den kompletten Inhalt der Eier, sondern das, was nach dem „Ausschlachten“ kommerziell wichtiger Spurenstoffe übrigbleibt.

Der natürliche Lysozymgehalt von Hühnereiklar ist der Grund, warum es zur Stabilisierung von Wein verwendet wird. Es hemmt die Mikroorganismen im Wein, die die Apfelsäure in Milchsäure umwandeln. Damit lässt sich das Altern des Weines verzögern.

Inzwischen sind eine Reihe von Methoden zur Behandlung bzw. Modifizierung von Lysozym bekannt. Dadurch erhält man nicht nur ein breiteres antimikrobielles Spektrum sondern beispielsweise auch eine emulgierende Wirkung. Die Verlockung derartige Präparate einzusetzen, ist sicher nicht gering - im Gegensatz zur Wahrscheinlichkeit damit bei einer Untersuchung aufzufallen.

Bewertung: *Interessantes Konservierungsprinzip, das allerdings eine intensive Überwachung erfordert, um den Einsatz von modifiziertem Lysozym zu kontrollieren.*

Ozon

Blaues, sehr reaktives Gas, das vor Ort im Ozonisator hergestellt werden muss. Es ist stark giftig und reizt bereits in geringer Konzentration die Atemwege. Desinfektionsmittel für Verpackungen sowie Trinkwasser, daneben zur Entfernung von Eisen und Mangan aus Wässern.

Auch wenn sich Ozon unter Bildung von Sauerstoff zersetzt, ist es angebracht, mögliche Restgehalte mittels Aktivkohle zu entfernen, da unerwünschte Nebenprodukte entstehen können, vor allem Bromat und Bromoform. Die Trinkwasserverordnung erlaubt einen Rückstand von lediglich zehn Mikrogramm Bromoform pro Liter.

Auch zum Entwesen und Entstinken von Räumen geeignet. Daneben im Rahmen der sog. Ozontherapie am Menschen eingesetzt.

Bewertung: *Vernünftiges Desinfektionsmittel, wenn es sachgerecht angewendet wird.*

Wasserstoffperoxid

Das Zellgift wirkt keimtötend, oxidierend und bleichend. Es wird vor allem als Bleichmittel für Stärke, Gelatine und Fischmarinaden verwendet. Daneben als Oxidationsmittel für Trinkwasser und zur Entkeimung von Verpackungen. Da es sich schnell zu Wasser und Sauerstoff zersetzt, kommt der Kunde beim Verzehr von Lebensmitteln nicht mit Wasserstoffperoxid in Kontakt. Allerdings erfordern die vielfältigen chemischen Reaktionen im Produkt besondere Aufmerksamkeit.

Bewertung: *Vernünftiges Desinfektionsmittel, sofern es sachgerecht angewendet wird.*

Phagen

Eine faszinierende Methode zur Bekämpfung krankmachender Keime ist der Einsatz von Phagen. Phagen sind Viren - aber nicht Viren, die Menschen, Tiere oder Pflanzen befallen, sondern Viren, die ausschließlich Bakterien infizieren und zerstören.

Da einige Krankheitserreger inzwischen Kälte vertragen und sich an das Leben im Kühlschrank gewöhnt haben, können sie sich auch bei Einhaltung der Kühlkette und den üblichen Hygienemaßnahmen unbemerkt verbreiten.

Hier bieten sich Phagen als eine denkbare Lösung an. Jede Bakterienart hat ihre eigenen Phagen, genauer gesagt sogar jeder einzelne Bakterienstamm. Es gibt bereits Phagenpräparate für die Lebensmittelindustrie (Fleisch, Käse, Fisch), die bei den Bakterienarten, die sie bekämpfen, über 100 Stämme abtöten. Wenn die Keime gleich von mehreren Phagen angegriffen werden, sinkt damit die Gefahr einer Resistenzbildung.

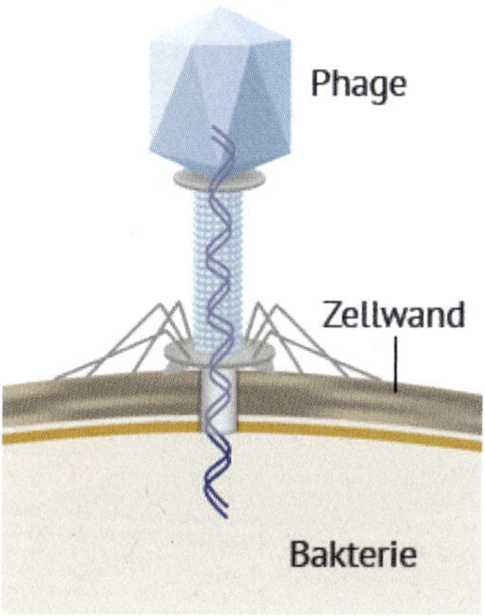

Die Phagen injizieren ihr Erbgut in die Bakterien, programmieren sie um, so dass diese nun massenhaft neue Phagen freisetzen und dabei absterben. Die Bildung neuer Phagen auf einem Lebensmittel ist zu Ende, sobald die letzte Bakterie abgetötet ist. Phagen sind überall dort, wo Bakterien sind – also absolut überall. Das bedeutet nicht nur, dass unsere Umwelt, unsere Atemluft Phagen enthält, auch der menschliche Körper ist aufgrund seiner Darmflora ebenfalls eine Brutstätte für Phagen.

Hinzu kommt, dass Phagenschon lange bei der Lebensmittelproduktion eingesetzt werden. Und zwar als Pflanzenschutzmittel, um beispielsweise Pflanzenkrankheiten von Tomaten oder Pfirsichen zu bekämpfen. Man spricht dann von Agriphagen. Damit hofft man, eines Tages auch den Einsatz von Antibiotika (Streptomycin) im Obstbau beenden zu können. Gleichzeitig arbeitet die Forschung an Phagenarznei für Nutzvieh, um auch dort Antibiotika zu ersetzen.

Der Vorteil der Bakteriophagen ist ihre hohe Spezifität. Alle andere Bakterien bleiben unbehelligt.

Bewertung: *Phagen wirken nicht nur spezifisch, sie lösen im Gegensatz zu Antibiotika keine allergischen Reaktionen aus. Sie sind einfach und billig herzustellen. Zwar besteht auch hier das Risiko einer Resistenzbildung, allerdings lernen die Phagen meist sehr schnell die Abwehr der Mikroben erneut zu überwinden.*

Problematisch ist die Fähigkeit bestimmter Phagen, die Bakterie nicht zu töten, sondern eine Symbiose mit ihr einzugehen. Dann statten die Phagen ihre Bakterien mit den erforderlichen Genen aus, um Gifte zu bilden. Hier besteht erheblicher Forschungsbedarf.

Antioxidantien

Antioxidantien erhöhen die Haltbarkeit von Lebensmitteln. Sie verzögern den chemischen und enzymatischen Verderb - das Ranzigwerden von Fetten, das Braunwerden von Obst, - indem sie eine Oxidation durch Luftsauerstoff verhindern. Sie ergänzen so die Wirkung von Konservierungsstoffen, die den mikrobiellen Verderb unterdrücken.

Antioxidantien wirken nur in niedriger Dosis. Megadosen entfalten die umgekehrte Wirkung und haben eine massive Bildung freier Radikale zur Folge, was den Verderb beschleunigt. Insofern werden Antioxdantien in Lebensmitteln nur in optimaler Dosierung eingesetzt. Zur Wirkung von Megadosen siehe Vitamine Seite 122.

E 220 Schwefeldioxid

Schwefeldioxid gilt zwar rechtlich als Konservierungsmittel, faktisch ist es aber das bedeutendste Antioxidans unter den Lebensmittelzusatzstoffen. Es wurde mehrere Jahrtausende zum Schutz vor Oxidation verwendet, vor allem beim Wein. (Siehe S. 42)

E 300 Ascorbinsäure

Landläufig als Vitamin C bekannt. E 300 wird gewöhnlich nicht zur Vitaminisierung zugesetzt, sondern verschafft technologische Vorteile, wie die Erhöhung der Wasseraufnahme im Brotteig, die Verlängerung der Haltbarkeit von Getränken, Verzögerung des Braunwerdens von Früchten oder die Beschleunigung der Umrötung von Würsten. Daher sind rote Würste und Schinken heute wichtige Vitamin C-Lieferanten.

Wirkt zugleich antibakteriell, d. h. als Konservierungsmittel. Als Zusatz im Mehl umstritten: Die hohen Temperaturen beim Backen zersetzen E 300 zu Threonsäure, die im Tierversuch Vitamin-C-Mangel hervorruft. Eine akute Wirkung auf den Menschen erscheint aufgrund der geringen Dosis eher unwahrscheinlich. Aber das Beispiel zeigt, wie weltfremd toxikologische Tests sind, die Zusatzstoffe in „rohem" Zustand prüfen, obwohl sie häufig dazu bestimmt sind, stark erhitzt zu werden.

E 300 provoziert in süßstoffhaltigen Getränken die Bildung von Benzol aus Benzoesäure (E 210) - egal ob natürlichen oder synthetischen Ursprungs - sowie vermutlich aus dem Aromastoff Benzaldehyd. „Natürliche" Ascorbinsäure wird gentechnisch hergestellt. Auch für Bioprodukte zugelassen.

Bewertung: *Als Antioxidans mit Einschränkungen sinnvoll. Zur Wirkung von Megadosen siehe „Vitamin C" (Seite 125).*

E 301 Natriumascorbat
E 302 Calciumascorbat

Salze der Ascorbinsäure (E 300). E 301 fördert im Gegensatz zu Vitamin C im Experiment Blasenkrebs. Verfüttert man Lebensmittel, die mit einem Zusatz von E 301 erhitzt wurden, an junge Versuchstiere, so wird ihr Wachstum beeinträchtigt. Dennoch dürfen die Stoffe den allermeisten Lebensmitteln, auch Bioprodukten, zugesetzt werden.

Bewertung: *Abschließende Bewertung noch nicht möglich.*

E 304 Fettsäureester der Ascorbinsäure: Ascorbylpalmitat, Ascorbylstearat

Werden aus E 300 und Palmitinsäure bzw. Stearinsäure synthetisiert. Dadurch kann die wasserlösliche Ascorbinsäure auch Fetten zugesetzt werden. Der Wissenschaftliche Lebensmittelausschuss der EU nimmt an, dass E 304 „während des Verdauungsvorgangs Ascorbinsäure erzeugt". Tierversuche ergaben „die Bildung von Blasensteinen bei einigen Tieren, die zu den Gruppen gehörten, denen hohe Dosen verabreicht wurden". Vom Ausschuss wurde das als „nicht relevant für den Menschen" beurteilt.

Bewertung: *Auch wenn bei der eingesetzten Menge kein spezifisches Risiko für den Menschen erkennbar ist, so wäre es doch wünschenswert, wenn E 304 nicht als „Ascorbinsäure" deklariert würde sondern mit seinem korrekten Namen.*

E 306 Stark tocopherolhaltige Extrakte

Extrakte aus Pflanzenölen. Erhöhen die Lagerfähigkeit von Ölen und Margarinen. Auch für Bioprodukte. Wird gelegentlich als Vitamin E bezeichnet. Eine Vitaminwirkung ist allerdings bis heute nicht belegt. Frühgeborene Säuglinge waren nach Auffassung der Ernährungsmediziner die einzige Gruppe, für die „Vitamin E" lebenswichtig sei - womit sie den Status der Tocopherole als „Vitamin" rechtfertigten. Inzwischen hat sich gezeigt, dass die übliche Gabe des „Vitamins" ohne jeden Nutzen war.

Die Tierversuche, die eine „Gesundheitswirkung" zeigen sollten, gelangen vorzugsweise mit Versuchstieren, denen ranzige Fette verfüttert wurden. Antioxidantien gleich welcher Art wirken ganz allgemein den Folgen ranziger Lebensmittel entgegen.

Bewertung: *Als Antioxidans in Lebensmitteln nützlich. Zur Wirkung von Megadosen siehe „Vitamin E".*

***E 307** - vielleicht doch kein Vitamin*

E 307 Alpha-Tocopherol

E 308 Gamma-Tocoperol

E 309 Delta-Tocopherol

Synthetisch hergestellte E 306-Varianten.

Bewertung: *Als Zusatzstoffe unbedenklich. Zur Wirkung von Megadosen siehe „Vitamin E".*

E 310 Propylgallat

E 311 Octylgallat

E 312 Dodecylgallat

Chemisch verwandt mit Benzoesäure bzw. PHB-Estern. Hitzestabil, deshalb vor allem für Frittierfette und Aromen. Schützt „antioxidative" Vitamine in Nahrungsergänzungsmitteln vor dem Verderb.

Propylgallat führte bei Säuglingen zu einer lebensbedrohlichen Blausucht. Zwar darf es der Säuglingsnahrung nicht zugesetzt werden, ist aber für typische Kinderprodukte wie Marzipan, Nougat, Knabberartikel oder vorgekochte Getreidekost erlaubt.

Im Tierversuch beeinträchtigten Gallate die Infektabwehr. Typische Allergene, vor allem E 311.

Bewertung: *Die Zulassung sollte wegen gesundheitlicher Bedenken (weiter) eingeschränkt werden.*

E 315 Isoascorbinsäure

E 316 Natrium-Isoascorbat

Isoascorbinsäure ist chemisch mit der Ascorbinsäure, also „Vitamin C", fast identisch. Sie besitzt deren technologische Eigenschaften, ohne jedoch selbst als Vitamin zu gelten. Zur Farbstabilisierung von gepökelten Fleisch- und Wurstwaren sowie von Tiefkühlfisch mit roter Haut. Auch als Erythorbinsäure bekannt. Gentechnisch hergestellt.

Bewertung: *Antioxidantien mit günstigem toxikologischem Profil.*

E 319 tertiäres Butylhydrochinon (TBHQ)

Robustes Antioxidans für Aromen, sowie für Fette und Öle, insbesondere mit einem erhöhten Anteil an mehrfach ungesättigten Fettsäuren. Daneben Verwendung in Kosmetika, Lacken, Polyester, Gummi, Parfums (als Fixateur) sowie als Fraßhemmer gegen Insekten.

Aufgrund seiner doppelten Wirkung als Antioxidans und Mottenschutz wichtig für Müslis, Snacks, Nüsse, Fertigmischungen für Kuchen und Suppen sowie zum Schutz vor „Radikalbildung" in Nahrungsergänzungsmitteln mit antioxidativen Wirkstoffen.

E 319 wird als „Nervenschutzstoff" bei Parkinson erforscht, im Mäuseversuch bremste es eine Gewichtszunahme indem es die Einlagerung von Fett verhinderte. Ein Abbauprodukt (TBBQ) tötet Keime ab (z. B. *Staph. aureus*). E 319 ist jedoch ein Kontaktallergen.

Bewertung: *Da ranzige Fette und Öle gesundheitlich problematisch sind, aber nur wenige Antioxidantien die erforderliche Hitzestabilität aufweisen, um auch in der Friteuse, der Pfanne oder im Backofen eingesetzt werden zu können, ist die Zulassung verständlich. Allerdings ist der Stoff nicht unbedenklich und bedarf dringend einer soliden toxikologischen Abklärung.*

Fette sind in der Friteuse *starken Belastungen ausgesetzt. Damit sie nicht verderben, sind starke Antioxidantien erforderlich.*

E 320 Butylhydroxyanisol (BHA)

E 321 Butylhydroxytoluol (BHT)

Synthetische Radikalfänger. BHA (E 320) wirkt zugleich konservierend. E 320 und E 321 schützen Knabberartikel vor Geschmacksfehlern, stabilisieren Aromen, Bratfette, Kaugummis, Fertigsuppen sowie Instantkartoffeln und erhöhen die Haltbarkeit von Marzipan, Kuchenmischungen und Nahrungsergänzungsmitteln.

An Nagern wurde teilweise eine Krebs fördernde, teilweise eine Krebs verhindernde Wirkung beobachtet. Bei der Erhitzung zersetzen sich beide Stoffe in Metaboliten, deren gesundheitliche Auswirkungen bisher unbekannt sind. Im Tierversuch traten Veränderungen an Immunsystem und Blutbild, sowie an Schilddrüse und der Leber auf. Beide Stoffe reichern sich im menschlichen Fettgewebe an und gelangen in den Fötus und die Muttermilch. Sie sind als Allergieauslöser bekannt.

Bewertung: *Die sehr breite Zulassung sollte deutlich eingeschränkt werden.*

E 385 Calciumdinatrium-ethylendiamintetra-acetat (Calcium-Dinatrium-EDTA)

386 Dinatrium-EDTA

EDTA (Ethylendiamintetraacetat) ist eigentlich kein Antioxidans sondern ein so genannter Synergist. Synergisten unterstützen die Wirkung von Antioxidantien, indem sie unter anderem Metallspuren binden und damit die Oxidation verzögern. Darüber hinaus entfaltet EDTA eine konservierende Wirkung, weil es den Mikroorganismen das lebenswichtige Eisen entzieht.

Zugelassen für Gemüse- und Fischkonserven, Soßen und Halbfettmargarinen. EDTA kann die Aufnahme von Schwermetallen drastisch erhöhen, kann aber auch vorher aufgenommene Schwermetalle ausschwemmen. Durch den massiven Einsatz als Phosphatersatz in Waschmitteln beginnt sich die Substanz in Gewässern bedenklich anzureichern. Die EU hat unlängst die Lebensmittelwirtschaft aufgerufen, Daten zur Toxikologie zu liefern.

Bewertung: *Eine abschließende Bewertung gesundheitlicher Risiken ist nicht möglich. Aus umwelttoxikologischer Sicht jedoch unerwünscht.*

E 392 Carnosolsäure

Natürliches Antioxidans und Konservierungsmittel. Es schützt fetthaltige Speisen wie Wurst, Fisch, Speiseöle und Snacks vor dem Verderb. Sein etwas bitterer Geschmack verleiht den Produkten eine leichte Kräuternote. In Gegenwart von Luftsauerstoff reagiert die Carnosolsäure zu Carnosol. Gewonnen wird E 392 aus Rosmarin durch Extraktion mit Aceton oder Kohlendioxid.

Bisher liegen keine Hinweise auf ein gesundheitliches Risiko bei Zufuhr geringer Mengen vor, Langzeitstudien fehlen allerdings. Auch die Lebensmittelbehörde der EU (EFSA) vermochte keine Gefahren für die Verbraucher zu erkennen. Der Extrakt enthält weitere Pflanzenbestandteile, je nachdem wie stark das Produkt gereinigt wurde. Um eine Delaration der E-Nummer zu umgehen, wird auf der Zutatenliste wohl eher „Rosmarinextrakt" zu lesen sein. (s. Seite 166)

Bewertung: *Gegen die Carnosolsäure bestehen angesichts der traditionellen Verwendung von Rosmarin bisher keine Bedenken. Allerdings ist die Datenlage für die antioxidativen und konservierenden Bestandteile derzeit noch ungenügend.*

E 450 Diphosphate

verhindern auf Pommes und anderen Kartoffelprodukten die Vergrauung. Diese entsteht durch Reaktion von Eisenspuren mit den Polyphenolen der Kartoffel in Gegenwart von Sauerstoff. Diphosphate komplexieren das Eisen. Damit zählen sie nicht im engeren Sinne zu den Antioxidantien, aber unterstützen deren Wirkung als Synergisten. Deklaration unüblich. Siehe auch Seite 88.

E 452 Polyphosphate

unterdrücken die Oxidation in Fischkonserven, damit verzögern sie das Ranzigwerden. Polyphosphate verhindern durch ihre komplexierenden Eigenschaften außerdem den Wasserverlust beim Auftauen von Tiefkühlfisch, ein Effekt der es zugleich erlaubt, den Wassergehalt der Ware künstlich zu erhöhen. Phosphate verbessern außerdem die Haftung der Panade am Fisch bei Fischstäbchen. Siehe auch Seite 88.

E 512 Zinn-2-chlorid

Zinn stabilisiert die helle Farbe von Spargel und anderen weißen Gemüsekonserven in Dosen und Gläsern. Hersteller können auf einen unmittelbaren Zusatz verzichten, wenn sie die Dosen mit verzinnten Deckeln verschließen. Bei der Lagerung geht die zur Stabilisierung erforderliche Menge an Zinn ganz von selbst in Lösung. Höchstmenge 25 Milligramm pro Kilo Spargel.

Wird vom Körper resorbiert. Da früher allgemein verzinnte Konservendosen verwendet worden waren, lag damals die Zufuhr wesentlich höher.

Bewertung: *Überflüssiger Zusatzstoff.*

Krabbensalat

Damit die leckeren Krabben, die zur Verwandtschaft der Insekten und Spinnentieren zählen, keine schwarzen Flecken bekommen, werden sie mit Hexylresorcin (E 586) oder Glucoseoxidase (E 1102) behandelt. Letztere erhöht außerdem die Haltbarkeit der Mayo. Eine Zugabe von Polyphosphaten (E 452) wiederum verzögert Geschmacksveränderungen und erhöht den Wassergehalt der Shrimps.

E 586 Hexylresorcin

Phenolische Verbindung zur Haltbarmachung von frischen und tiefgefrorenen Shrimps. Ersetzt Sulfit. Hexylresorcin wird bereits dem Eis auf dem Fischkutter zugesetzt. Da es kaum wasserlöslich ist, sind zusätzlich Netzmittel, also spezielle Emulgatoren erforderlich. Hexylresorcin verhindert die Bildung von schwarzen Flecken auf der Schale und tötet Parasiten ab. Deshalb auch in der Tiermedizin als Wurmmittel verordnet.

Entfaltet bereits in geringen Konzentrationen (Nanomol-Bereich) xenoöstrogene, also hormonelle Wirkungen. Seine chemische Struktur lässt zudem heftige allergische Reaktionen erwarten.

Bewertung: *Toxikologisch fragwürdig. Hier wäre Sulfit die bessere Lösung.*

1102 Glucoseoxidase

Enzym, das aus Schimmelpilzen gewonnen wird. Erhöht die Haltbarkeit von Getränken, indem es den lebenswichtigen Sauerstoff aus dem Kopfraum von Flaschen und Gläsern entfernt. Dabei entsteht unter anderem Wasserstoffperoxid, das gleichzeitig unerwünschte Mikroorganismen abtötet. (Zu Wasserstoffperoxid siehe Seite 52).

Bewertung: *Zur Risikoabschätzung siehe Kapitel „Enzyme" (Seite 154).*

Verdickungsmittel

Verdickungsmittel werden nicht nur zum Andicken von Soßen oder zum Gelieren von Konfitüren verwendet, sondern vor allem zur Einstellung eines bestimmten „Mundgefühls" (wie der Sämigkeit einer Soße) oder eines „Kaueindrucks" (von Gummibärchen). Sie regulieren die Vollmundigkeit von Fertigsoßen, die Streichfähigkeit von Frischkäsezubereitungen, die Frischhaltung von Broten, die Gefrier-Tau-Stabilität von Eiscreme, und das Schwebeverhalten der Kakaoteilchen im fertigen Kakaodrink während der Lagerung. Dank ihrer Fähigkeit Wasser schnittfest zu machen, haben sie erheblich zur Verbilligung des Lebensmittelangebotes beigetragen. Für viele minderwertige Imitate und Light-Produkte sind sie unverzichtbar.

E 400 Alginsäure
E 401 Natriumalginat
E 402 Kaliumalginat
E 403 Ammoniumalginat
E 404 Calciumalginat

Alginate werden aus mehreren Arten von Braunalgen gewonnen, die entweder bei Ebbe gesammelt oder von Tauchern mit Spezialbooten („Scoubidou") geerntet werden. Ein kommerzieller Anbau ist aufgrund des komplizierten Entwicklungszyklus' dieser Algen unwirtschaftlich. Sie werden gereinigt, zerkleinert, ihre Zellwände mit verdünnter Natronlauge herausgelöst und bei Bedarf mit Hypochlorit entfärbt.

Da Algen massiv Arsen anreichern, ist dessen Gehalt auf 3 mg/kg begrenzt. Dieses Risiko kann durch eine mikrobielle Produktion (z. B. aus gentechnisch veränderten Pseudomonaden) vermieden werden. Alginate sind Ballaststoffe, die unser Körper nicht resorbieren kann. Sie binden Spurenelemente, was ebenfalls deren Aufnahme beeinträchtigt.

Neben ihrer Fähigkeit zur Wasserbindung eignen sie sich zur Bildung von Filmen zum Schutz der Oberfläche empfindlicher Lebensmittel, zur Herstellung backfester Fruchtfüllungen und zur Verhinderung der Auskristallisation von Zucker in Pralinen. Alginate stabilisieren Schäume, wirken emulgierend in Soßen und dienen in Tabletten als Sprengmittel.

Dieses breite Spektrum verdanken sie ihrer unterschiedlichen Herkunft, da jede Algenart etwas andere Alginate liefert, sowie unauffällige Modifizierungen im Rahmen der Aufbereitung. Zur Stabilisierung werden Alginaten gern Phosphate oder Citrate zugesetzt. E 400, E 401 und E 402 sind auch für Bio-Produkte zugelassen. Darüber hinaus viele weitere Anwendungen, beispielsweise für Futtermittel, Kosmetika, Farben oder Textilien.

***Bewertung:** Als traditionelles Geliermittel sinnvoll, nicht aber um eine Extraportion Wasser ins Lebensmittel einzuarbeiten - nur um Kalorien und Kosten zu sparen.*

E 405 Propylenglycolalginat

Alginsäure (E 400), die mit 1,2-Propandiol (E 1520) gekoppelt wurde. 1,2-Propandiol ist ein wichtiger Rohstoff zur Herstellung von Kunstharzen, Frostschutzmitteln und Konservierungsstoffen. Es hat sich auch als Lösungsvermittler bewährt. Die Reaktion mit Propandiol verbessert die Säurestabilität und erhöht das Schaumbildungsvermögen der Alginate. Im Körper wird E 405 teilweise wieder in freies 1,2-Propandiol und Alginsäure gespalten. Zugelassen für Aromen, Backwaren, Soßen, Desserts, Limonaden, Liköre und EU-Bier. Hilft Hopfen, Sahne und Hühnerei-Eiweiß zu sparen.

Bewertung: *Überflüssiger Zusatzstoff zur Herstellung wertgeminderter Erzeugnisse.*

E 406 Agar Agar

Gewonnen aus verschiedenen Rotalgen, die entweder von felsigen Meeresböden geerntet werden, oder aus Aquakulturen stammen, die vorzugsweise in aufgegebenen Shrimps- und Fischfarmen angelegt werden. Zur Gewinnung werden die Algen 15 Stunden in heißem Wasser extrahiert (evtl. unter Zugabe von Natronlauge), mit Hypochlorit gebleicht und durch Ausfrieren der Eiskristalle entwässert. Das fertige Produkt kann Bleichmittelreste enthalten.

Ersatzstoff für Gelatine. Basis von Geleefrüchten, Klärmittel für Fruchtsäfte, Emulsionsstabilisator in Salatsoßen. Nährböden zur Züchtung von Mikroben, Absorber für Neutronen in Kernreaktoren. Auch für Bio-Produkte und fettfreie Zäpfchen. Ballaststoff, der in höherer Dosis leicht abführend wirkt.

Bewertung: *altgediente Alge.*

Ob Gummibärchen oder süße Maus, *hier dürfen die „Geliermittel" zeigen, was sie drauf haben: Zucker und Wasser sind bei allen Produkten dieser Art gleich, die Vielfalt ermöglichen erst die munteren Zusätze.*

E 407 Carragen

Gewinnung aus ganz unterschiedlichen Rotalgen durch Kochen mit verdünnter Natron- oder Kalilauge und anschließende Fällung mit Isopropanol oder durch Waschen mit Kaliumchlorid. Je nach Rohstoff und Verarbeitung lassen sich drei unterschiedliche Carragene gewinnen: jota-C.: bildet elastische, klare, gefrier-tau-stabile Gele; kappa-C.: bildet mit Kalium feste Gele und mit Calcium brüchige Gele; lambda-C.: keine Gelbildung, es entstehen hochviskose Lösungen.

Meerschweinchen können offenbar einen Teil des Carragens absorbieren. „Für den Menschen" vermeldet Hagers Enzyklopädie der Arzneistoffe und Drogen, „sind bisher keine Resorptionsstudien publiziert worden, überraschend, weil Carragen und Carragenane ausgiebig - vor allem im Lebensmittelbereich - verwendet werden."

Carragen wird seit Jahrzehnten zur Erzeugung des Rattenpfoten-Ödems, einem Entzündungsmodell zur Prüfung von Arzneimitteln eingesetzt. Bei Nagern wurden zudem Entzündungen im Darm festgestellt, teilweise auch Veränderungen am Immunsystem. Namentlich bei der Verwendung „abgebauter Carragene" (Poligeenan) trat irritabiles Colon auf.

Die Verwendung abgebauter Carragene ist zwar in der EU unzulässig, dennoch besteht die Gefahr, dass sich Anbieter durch „vorsichtigen" Abbau technologische und wirtschaftliche Vorteile verschaffen. Diese Zusatzstoffe stellen womöglich ein ernsthaftes Risiko für Menschen mit Darmentzündungen dar. E 407 ist für Bio-Produkte zugelassen.

Bewertung: *Für den Gesunden vermutlich unbedenklich. Dennoch ist aus Gründen des vorbeugenden Verbraucherschutzes eine stete Kontrolle auf partiell abgebaute Carragene erforderlich. Zugleich sollten Patienten mit Darmproblemen carragenhaltige Speisen nicht regelmäßig oder in größerer Menge verzehren. Eine abschließende Bewertung ist derzeit nicht möglich.*

E 407a verarbeitete Euchema-Algen

Extrakt aus Euchema-Algen, die genaugenommen zu den Carragenen (E 407) zählen. Deshalb auch „halbraffiniertes Carragen" genannt. Es enthält etwas mehr Cellulose, was zu trüberen Gelen führen kann. In milch-, fett- oder stärkehaltigen Produkten spielt dies jedoch keine Rolle.

Bewertung: *Siehe Carragen (E 407)*

E 410 Johannisbrotkernmehl

Gemahlene Samen der Früchte des Johannisbrotbaums, ein immer-

Schoten des Johannisbrotbaumes

grüner Hülsenfrüchtler (*Ceratonia siliqua*). Sie werden entweder mit Schwefelsäure behandelt oder geröstet. Johannisbrotkernmehl (engl. locust bean gum) wird häufig in Kombination mit anderen Verdickungsmitteln eingesetzt, weil es ihre Gelierwirkung drastisch steigert. Verbessert die Gefrier-Tau-Stabilität von Tiefkühlkost und Eiscreme. Wichtig für den Eindruck von Vollmundigkeit bei Light-Limonaden. Auch für Bioprodukte zugelassen. Im Bergbau zur Schwimmaufbereitung (Flotation) von unedlen Metallen zur Abtrennung unerwünschter Mineralien. E 410 verursacht gelegentlich Blähungen.

Bewertung: *Altbewährt.*

E 412 Guarkernmehl

Wird aus den Samen der Guarbohne (*Cyamopsis tetragonolobus*) gewonnen. Es gibt zahlreiche Handelsformen, was eine Beurteilung erschwert. Manche Mehle gelten als „enzymaktiv" und sind sozusagen „naturbelassen", andere wiederum sind extrahiert, gebleicht und mit Ethylenoxid entkeimt.

Da die Guarbohne toxisch ist, müssen die schädlichen Bestandteile wie Fluoressigsäure, Saponine oder

Schoten der Guarbohne
wichtig für die Versorgung mit Erdgas.

allergene Eiweiße vorher entfernt werden. E 412 darf mit etwa sechs Prozent Schalen- und Keimbestandteilen verunreinigt sein. Die Inaktivierung der natürlichen Abwehrstoffe gelingt offenbar nur unvollständig. Über Rückstände aus der weiteren Behandlung (wie Ethoxylate als Folge der Entkeimung), ist so gut wie nichts bekannt.

E 412 beeinträchtigt die Verdauung, verändert die Darmflora und fördert Blähungen. Deshalb wurde Guar in höherer Dosierung auch als Abnehmhilfe verordnet. Aufgrund „zahlreicher Berichte über Schädigung von Speiseröhre, Magen und Dünndarm" hat die US-Gesundheitsbehörde (FDA) Guarkernmehl als riskantes Schlankheitsmittel eingestuft.

Als Zusatzstoff wird es aufgrund der geringen Zugabemenge (maximal zwei Prozent) als harmlos angesehen. Guar wurde auch für Brustimplantate in Verbindung mit PVP (E 1201) – als „biologische" Alternative zu Silikon - verwendet. Dabei kam es sehr häufig zu Verhärtungen (verbunden mit unästhetischen Verformungen), die schließlich zum Platzen der Implantate führten. Die Folge waren heftige Reaktionen des Immunsystems auf das Guarkernmehl. Das Produkt musste vom Markt genommen werden.

Zwischenzeitlich wurde Ware angetroffen, die massiv mit dem Holzschutzmittel Pentachlorphenol und Dioxinen belastet war. Das Pentachlorphenol sollte offenbar ein Verschimmeln verhindern.

Derzeit starke Verknappung des Angebotes an Guar, nachdem das Verdickungsmittel in großem Stil zur Erdgasförderung (Fracking) verwendet wird.

Da es Wasser bindet, läßt sich damit die Frischhaltung von Brot und Brötchen verlängern, weil das Austrocknen länger dauert. Quellmittel für Kartoffelbrei und Pudding. E 412 ist auch für Bio-Produkte zugelassen.

Bewertung: *An der Sicherheit von Guar als Zusatzstoff bestehen Zweifel, vor allem, wenn er noch „enzymaktiv" ist. Er ist heute in Lebensmitteln technologisch überflüssig. Als Zusatz zur Frackingflüssigkeit ökologisch unbedenklich.*

E 413 Traganth

Traganth heißt die körnig-schuppige Gummiabsonderung von schleimigem Geschmack einer strauchartigen Hülsenfrucht namens *Astralagus*, die hauptsächlich im Iran geerntet wird. Hitze- und säurestabil, aber teuer. Die in ersten Fütterungsversuchen beobachteten Leberschäden haben sich nicht bestätigt. Die Weltgesundheitsorganisation geht aber davon aus, dass Traganth „ein massives Allergen ist, fähig extrem schwere Reaktionen auszulösen".

Bewertung: *Deshalb bestehen Zweifel an der Unbedenklichkeit.*

E 414 Gummi arabicum

Getrocknete Gummiabsonderung von Akazien, als Reaktion auf eine Wundinfektion des Baumes. Nutzung seit der Antike. Wird von der Darmflora teilweise in kurzkettige Fettsäuren umgesetzt und vom Kör-

Gummi arabicum: getrocknetes Harz

Auf der Rückseite von Briefmarken immer wieder gern geleckt.

per kalorisch verwertet. Schädigte in älteren Tierversuchen das Herz, was von der neueren Forschung allerdings nicht mehr bestätigt werden konnte. Ursache dürften die unterschiedlichen Begleitstoffe sein, die in einem solchen Naturprodukt unvermeidlich sind.

Kein typisches Verdickungsmittel sondern in erster Linie Stabilisator für sprühgetrocknete Aromen, Glanzüberzug für Dragees, Schutzkolloid in Emulsionen und Schäumen; in Limonaden und Wein verzögert E 414 das Entgasen. Briefmarken-Klebstoff. Für Bio-Produkte zugelassen.

Bewertung: *Altbewährt.*

E 415 Xanthan

Wird von gentechnisch veränderten Bakterien (*Xanthomonas campestris*) aus Zucker produziert. Im fertigen Produkt dürfen keine lebensfähigen Xanthomonaden mehr enthalten sein. Wie bei allen biotechnologisch erzeugten Zusatzstoffen ist auch hier darauf zu achten, dass Substanzen, die zur „Fütterung und Gesunderhaltung" der Nährlösung, in der die Bakterien arbeiten, zugegeben werden, nicht bis ins fertige Produkt verschleppt werden.

Da Xanthan säurestabil ist, wird es gern für Salatdressings verwendet. Daneben ein guter Stabilisator für Emulsionen und Schäume. Auch für Bio-Produkte zugelassen. Geringes allergisches Potential.

Bewertung: *Akzeptabel.*

E 416 Karayagummi

Harz, das überwiegend von einem Baum namens *Sterculia urens* in Vorderindien gewonnen wird. Zweimal im Jahr wird ein Teil der Rinde entfernt, aus der Wunde fließt einige Tage dickflüssiger Schleim, der allmählich eintrocknet. Diese Klumpen werden gesammelt.

Karayagummi ist relativ teuer, eignet sich aber nicht nur als Verdickungsmittel, sondern auch als Emulgator und Stabilisator. Verwendung für Soßen, Desserts, Eierlikör, Nussüberzüge, Glasuren für Backwaren, Haarfestiger und als Haftpulver für Zahnprothesen. Greift allerdings den Zahnschmelz echter Zähne an. Auch für Bio-Produkte zugelassen.

Wirkt leicht abführend: Erhöhte bei Versuchspersonen die Stuhlmenge und die Zahl der Defäkationen.

Bewertung: *Geschmeidig bis zum Stuhlerweichen ...*

E 417b Taragummi

Wird aus dem Samen einer südamerikanischen Hülsenfrucht, dem Tarabaum (*Caesalpina spinosa*), gewonnen, indem das Endosperm abgetrennt und zermahlen wird. Weitgehend unverdaulich. Ähnelt Johannisbrotkernmehl (E 410) und Guarkernmehl (E 412) und ersetzt diese. Hauptanwendung sind gelierfähige Kombinationen mit anderen Verdickungsmitteln. Eiweißreste aus dem Keimling gelten als allergen. Allgemein für Lebensmittel zugelassen.

Bewertung: *Es ist schwer nachvollziehbar, warum ein neuer Zusatzstoff eine derart breite Zulassung erhält, nur um das altbekannte und bewährte Johannisbrotkernmehl zu ersetzen.*

E 418 Gellan

Wird von Bakterien (*Pseudomonas, Auromonas*) ausgeschieden und ähnelt Xanthan. Durch eine Behandlung mit Laugen lässt sich die Gelbildung steuern. Wegen ihrer Klarheit eignen sich Gellangele besonders gut zur Herstellung kalorienarmer Konfitüren. Wegen des gelatine-ähnlichen Kaugefühls beliebt für vegane Gummibärchen, vorteilhaft in Sojamilchen, um das Sojaeiweiß in der Schwebe zu halten, geeignet zur Bildung „fleischiger Stücke" im Hundefutter und regionaler Spezialitäten wie nachgemachte Seegurken oder Quallenanaloga.

Verwendung für Hautlotionen mit besonders angenehmem „Hautgefühl", verbessert zusammen mit Xanthan die Tropfenstabilität. Eines der teuersten Verdickungsmittel.

Da es nicht resorbierbar ist, wird es vom Verdauungstrakt unverändert wieder ausgeschieden. Dabei quillt es und vergrößert das Stuhlvolumen, sodass es leicht abführend wirkt. Die positive Bewertung durch die Weltgesundheitsorganisation (WHO) basiert auf nicht veröffentlichten Studien.

Bewertung: *Als Lebensmittelzusatzstoff sehr entbehrlich.*

E 440 Pektin, amidiertes Pektin

Geliermittel, gewonnen per Wasser-Alkohol-Extraktion aus Apfeltrester, Zitrusschalen und Rückständen der Gewinnung von Sonnenblumenöl. Pektine sind normale Bestandteile der Nahrung und gelten als harmlos. Flüssige Pektine (Obstgeliersäfte) werden üblicherweise mit Sulfit (E 220 bis E 227) haltbar gemacht.

Der Stoff, aus dem Pektine sind:

Zitrustrester, also die Überreste der Produktion von Orangensaft

Den Lebensmittelverarbeitern wird ein großes Spektrum an Pektinen mit höchst unterschiedlichen Eigenschaften angeboten, die unter anderem von der Kettenlänge, vom Vernetzungsgrad und den Methanolgruppen abhängen. Sie entstehen durch Entesterung mit Säuren, enzymatischer Modifizierung und im Falle der amidierten Pektine durch Behandlung mit Ammoniak.

Pektine braucht man nicht nur für Konfitüren und Fruchtzubereitungen für Joghurts, sondern auch zur Trubstabilisierung sogenannter „naturtrüber" Säfte sowie als Eiweißschutzkolloid in Sauermilchgetränken. Amidierte Pektine sind wichtig für kalorienarme Konfitüren. Pektine (aber nicht amidiertes Pektin) sind für Bio-Produkte zugelassen.

Bewertung: Trotz der vielfältigen Modifikationen zählen Pektine zu den bewährten Zusatzstoffen. Amidiertes Pektin ist überflüssig.

E 1404 Oxidierte Stärke

E 1410 Monostärkephosphat

E 1412 Distärkephosphat

E 1413 Phosphatiertes Distärkephosphat

E 1414 Acetyliertes Distärkephosphat

E 1420 Acetylierte Stärke

E 1422 Acetyliertes Distärkeadipat

E 1440 Hydroxypropylstärke

E 1442 Hydroxypropyldistärkephosphat

E 1450 Stärkenatriumoctenylsuccinat

E 1451 Acetylierte oxidierte Stärke

Stärke, die durch Reaktionen mit Substanzen wie Kaliumpermanganat, Natriumhypochlorit, Phosphoroxychlorid (POCl), Essigsäureanhydrid, Adipinsäureanhydrid, Octenylbernsteinsäureanhydrid umgesetzt wurde, um neue Reaktionsprodukte mit völlig neuen Eigenschaften zu erhalten.

Verwendung vor allem für Füllungen, Tortengüsse und Cremes als Stabilisator, Geliermittel, Dickungsmittel, Emulgator und Bindemittel. Manche regulieren das Mundgefühl in Fertigsuppen, andere verleihen Tiefkühlfertiggerichten die erforderliche Gefrier-Tau-Stabilität, wieder andere garantieren dem Bäcker backfeste Fertigfüllungen für seine Teilchen, oder sie täuschen im Mund erhöhte Fruchtgehalte

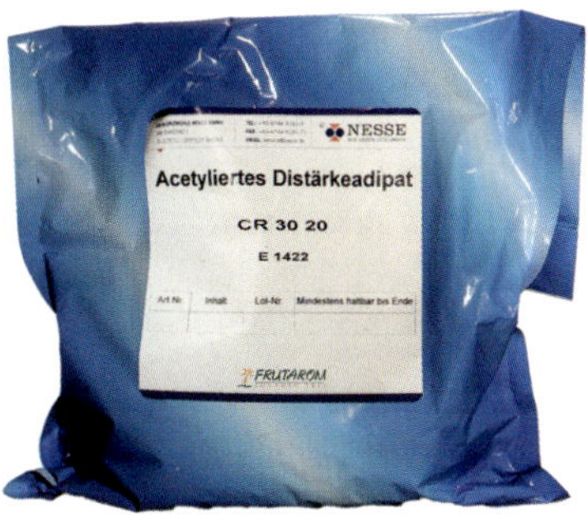

Beutel mit acetyliertem Distärkeadipat

E 1422 macht Tiefkühlgerichte mikrowellengeeignet, dient als Extrusionshilfe für Knabbergebäck und verhindert das Austrocknen von Füllungen.

vor. Sie ersetzen Fette in Lightmayonnaisen, Milcheiweiß in Milchprodukten oder wirken als Glanzbildner für Glasuren.

In Verbindung mit einer phosphatreichen Ernährung riefen sie im Tierversuch Kalkablagerungen in Becken und Nieren hervor.

Bewertung: *Nicht überschaubar, nicht einschätzbar.*

Stärke

Altbewährtes Verdickungsmittel, gewonnen aus Kartoffeln, Mais oder Weizen. Stärke darf aber nicht als „Verdickungsmittel" deklariert werden, sie muss „Stärke" heißen. Unter den Begriff fallen auch die enzymatisch oder physikalisch modifizierten Stärken sowie die säurebehandelten und gebleichten Stärken. Als „modifizierte Stärke" deklarierte Stoffe sind wieder etwas anderes, nämlich E 1404 bis E 1451.

Bewertung: *Stärke ist ein klassisches, bewährtes Lebensmittel. Ob dies auch für alle Modifikationen zutrifft, die unter diesem Etikett firmieren, ist Glaubenssache.*

Füllstoffe

Füllstoffe, auch Bulking Agents genannt, sind das chemische Rückgrat vieler kalorienreduzierter Lightprodukte. Da beispielsweise Süßstoffe nur die Süße des Zuckers simulieren, aber in viel geringerer Menge als dieser zugesetzt werden, sind in vielen Rezepturen geschmacksneutrale Füllstoffe erforderlich, um dessen Gewicht, Volumen und „Klebrigkeit" zu ersetzen.

Moderne Füllstoffe sind in der Lage, unsere Wahrnehmung auf hohem technischen Niveau zu täuschen. Allerdings sind die sog. „metabolischen Sinne" bzw. das Enterale Nervensystem (ENS) unseres Körpers in der Lage, derartige Manipulationen während des Verdauungsvorgangs zu erkennen und durch Rückregulation, z. B. durch Erhöhung des Appetits oder Senkung des Verbrauchs, präzise auszugleichen.

E 425 **Konjakgummi, Konjak-Glukomannan**

Konjak wird aus der kiloschweren Wurzelknolle der Teufelszunge (*Amorphophallus konjak*) gewonnen, einer Pflanze, die in Asien beheimatet ist. Dort traditioneller „Zusatzstoff".

Konjakgummi erhält man durch Zerkleinern und Vermahlen der Knolle. Für Konjak-Glukomannan lässt man das Mehl in Wasser aufquellen, versetzt es mit Kalkmilch und filtriert es. Aus dem Filtrat wird das Glucomannan mit Alkohol ausgefällt und getrocknet.

Verwendung für fernöstliche Spezialitäten wie z. B. Glasnudeln. Wichtig für mitteleuropäische Schlankheitsmittel, weil sich der Füllstoff leicht in Wasser einrühren lässt. Er quillt dann im Darm, was zu Blähungen und Bauchschmerzen führen kann.

Für Geleesüßwaren (so genannte Jelly Cups) von der EU verboten, weil sie aufgrund der effektiven Flüssigkeitsaufnahme im Rachen kleben bleiben können. Dies hat bei Kindern zu Erstickungsanfällen geführt.

Bewertung: Für asiatische Spezialitäten akzeptabel.

E 460 **Mikrokristalline Cellulose, Cellulosepulver**

Cellulose wird aus Holz, Sonnenblumenstängeln oder Baumwollabfällen (nicht aus Altpapier!) gewonnen. Füllstoff und Wasserbinder. Hauptbestandteil von Papiertaschentüchern. Als mikrokristalline Cellulose erhöht sie z. B. die Schmelzbeständigkeit von Speiseeis oder dient als Fettersatzstoff. Füllstoff in Pasten und Soßen, Trennmittel für geriebenen Käse, Opakisierungsmittel für Süßwaren. Bei den winzigen Partikeln ist mit einer Persorption durch die Darmwand zu rechnen. Geeignete Untersuchungen fehlen.

Bewertung: Appetitlich wie ein Papiertaschentuch auf der Pizza.

E 461 **Methylcellulose**
E 463 **Hydroxypropylcellulose**
E 464 **Hydroxypropylmethylcellulose**
E 465 **Methylethylcellulose**

Hergestellt aus alkalisch gequollener Cellulose (E 460) durch Umsetzung mit Methylchlorid, Äthylchlorid bzw. Propylenoxid. Wichtig für Brot und Backwaren zur Regulation von Volumen, Farbe und Frischhaltung, sowie zur Stabilisierung von Füllungen und Schäumen. Verbessert die Haftung von Panaden an Fischstäbchen. Stabilisieren mikrowellengeeignete Fertiggerichte und bringen ernährungsphysiologisch wertlose „Masse“ in Lightprodukte.

Keine nachteiligen Folgen bekannt, abgesehen von einer abführenden bzw. verstopfenden Wirkung. E 464 ist auch für Bio-Produkte zugelassen. Daneben bewährt als Tapetenkleister und Folienbildner für Pflanzenschutzmittel.

Bewertung: *Als Tapetenkleister eine gute Wahl.*

E 466 Carboxymethylcellulose-Na (CMC)

Wird aus alkalisch gequollener Cellulose (E 460) durch Reaktion mit Monochloressigsäure hergestellt. Coemulgator, Schaumstabilisator und Überzugsmittel für Fleisch, Fisch, Nüsse und Konsistenzregler in Desserts. Wegen seiner wasserbindenden Fähigkeit wird CMC vorzugsweise für kalorienreduzierte Lebensmittel verwendet. Bei langfristiger Einnahme durch Versuchspersonen traten neben Durchfall nicht näher bezeichnete „Abdominalbeschwerden“ auf.

Bewertung: *Als Trägerstoff für Zusatzstoffe unbedenklich, als Füllstoff in Diätprodukten bauchschmerzlich.*

Der Stoff aus dem die Schlankheitsträume sind: Cellulose

Zellstoff liefert dem Menschen keine Kalorien, er fördert die Darmbewegungen bis zum Durchfall. Und schon wieder ist Cellulose gefragt: Blatt für Blatt hilft sie die Träume wieder fein säuberlich ihrer Bestimmung zuzuführen.

E 469 Enzymatisch hydrolisierte Carboxymethylcellulose

Zur Gewinnung wird E 460 solange mit dem Enzym Cellulase (siehe Seite 157) hydrolysiert, bis sie nicht mehr verdickend oder schaumbildend wirkt. Es entsteht ein kalorienfreier, geschmacksneutraler Füllstoff für Lightprodukte.

Bewertung: *Erfrischend wie Fußpilz.*

E 1200 Polydextrose

Weitgehend geschmackloser Füllstoff, der vor allem in Kombination mit Süßstoffen als Zuckerersatz verwendet wird. Herstellung durch Verschmelzen von Sorbit (E 420, Seite 111) und Zitronensäure (E 330, Seite 86) mit Glucose im Vakuum. Dabei bildet sich ein unverdaulicher Kunststoff, der sich technologisch wie Zucker verhält. Einsatz für kalorien- und zuckerreduzierte Produkte.

Nicht resorbierbar, lediglich die Darmflora kann einen kleinen Teil zu kurzkettigen Fettsäuren abbauen. Durch Wasserbindung stuhlerweichend, in großen Dosen abführend.

Bewertung: *Dieser Kunststoff geht nach hinten los.*

E 1204 Pullulan

Stark quellender Schleimstoff; wird von dem Pilz *Aureobasidium pullulans* aus Stärkehydrolysaten erzeugt („Glucosesirup"). Der Pilz ist weit verbreitet, beispielsweise in Erde, Getreide, Tapeten oder Kellerwänden. Wichtiger Materialzerstörer, kann im Getreidestaub bei empfindlichen Personen Asthma auslösen.

Zugelassen für Nahrungsergänzungsmittel und „sehr kleine Süßwaren". Magenfüller für Diätprodukte. Daneben reguliert Pullulan die Gashaltung in Erfrischungsgetränken und bildet gasdichte Überzüge für Nüsse und Trockenobst. Verarbeitung zu Lebensmittelverpackungen. Von der Darmflora teilweise verwertbar – die Verwertung ist jedoch abhängig vom Training der Mikroorganismen im Darm.

Bewertung: *Als Verpackung eine interessante Option.*

Emulgatoren

Das Eidotter war dank seines natürlichen Gehaltes an Lecithin einst in der Küche der wichtigste Emulgator. Deshalb kam Ei in Kuchen, Eiscreme oder Mayo. Heute gibt es eine breite Auswahl, die billiger und wirksamer ist.

Das Wirkungsprinzip der Emulgatoren ähnelt dem der Waschmittel. Sie machen Wasser mit Fett mischbar, stabilisieren Eiweißschäume und helfen dabei, schnelllösliche Instantprodukte herzustellen. Sie erhöhen die maschinelle Belastbarkeit von Teigen und erlauben die Einstellung geschmacklicher Eigenschaften wie Sämigkeit, Schaumigkeit oder Cremigkeit. Zugleich helfen sie, Rohstoffe einzusparen, da sich mit ihrer Hilfe auch mehr Wasser oder Luft zumischen lassen.

Emulgatoren, auch natürliche, haben ausgeprägte biologische Wirkungen. Sie sollten deshalb nicht wahllos Lebensmitteln zugesetzt werden. Die toxikologischen Prüfungen von Emulgatoren sind unbefriedigend, stammen häufig vom Hersteller selbst und sind nicht selten unveröffentlicht. Bei den üblichen Tests wurden meist keine auffälligen Nebenwirkungen beobachtet. Emulgatoren verändern jedoch die Durchlässigkeit von Membranen. Deshalb werden sie beispielsweise Pestiziden zur Wirkungsverstärkung zugesetzt. So wird verständlich, warum sie auch bei Darmerkrankungen und Allergien eine Schlüsselrolle spielen können: Sie verändern die Oberfläche der Schleimhaut, können in etwas erhöhter Konzentration Zellen auflösen und machen den Darm durchlässiger für Allergien auslösende Nahrungsbestandteile oder Zusatzstoffe. Bis heute wurde dieses Phänomen kaum untersucht.

Die Zulassungspolitik bei den Emulgatoren erfolgte in der Bundesrepublik zurückhaltend. Die Harmonisierung durch das EU-Recht hat die Anzahl der zulässigen Emulgatoren deutlich erhöht. Eine Deklaration ist in vielen Fällen nicht erforderlich.

E 322 **Lecithine**

Natürlicher Extrakt, früher manchmal aus Eiern gewonnen, heute aus den Rückständen der Raffination von Soja-, Sonnenblumen- und Rapsöl. Lecithin spielt auch im menschlichen Körper eine wichtige Rolle.

E 322 wirkt im Lebensmittel nicht nur emulgierend, sondern auch antioxidativ. In vielen Produkten hat es das Eigelb ersetzt. In Schokolade erhöht es die Fließfähigkeit, das erleichtert das Abfüllen von kleinen Täfelchen. Breite Zulassung, auch für Bio-Produkte.

Die Bezeichnung „Lecithin" täuscht darüber hinweg, dass es sich um ein komplexes Stoffgemisch handelt, das je nach Fraktionierung und Modifizierung (z. B. enzymatische Hydrolyse) ganz unterschiedliche Zusammensetzungen und Wirkungen haben kann. Genau genommen handelt es sich um ein funktionales Additiv (siehe Seite 162).

Bewertung: Unbedenklicher Stoff, egal ob aus modernen Rapssorten oder gentechnisch veränderten Sojabohnen gewonnen. Ob dies in gleicher Weise auch für alle modifizierten Extrakte zutrifft, ist unklar.

E 432 Polyoxyethylen-sorbitanmonolaurat (Polysorbat 20)

E 433 Polyoxyethylen-sorbitan-monooleat (Polysorbat 80)

E 434 Polyoxyethylensorbitan-monopalmitat (Polysorbat 40)

E 435 Polyoxyethylen-sorbitan-monostearat (Polysorbat 60)

E 436 Polyoxyethylen-sorbitan-tristearat (Polysorbat 65)

Hellgelbe Öle bzw. Pasten von leicht bitterem Geschmack. Meist als Polysorbate oder TWEENs bezeichnet. Gewinnung durch Kopplung von Ethylenoxid an Sorbitanfettsäureester (E 491 bis 495). Die dabei stattfindenden Reaktionen sind vielfältig und nicht genau vorhersehbar.

Aufgrund ihrer günstigen technologischen Eigenschaften wie ihrer Hitzebeständigkeit wichtige Emulgatoren für Backwaren, Kaugummi, Speiseeis, Schokolade, Suppen und Diätprodukte. Sie steuern die Fettkristallbildung in Margarinen und sorgen so für Streichfähigkeit. Zugleich Antispratzmittel in Frittierfetten.

So spektakulär ihre Wirkung ist,

so unscheinbar sehen sie aus, die Polysorbate. Hier E 433; rechts die Originalflasche und links umgefüllt in Weißglas

Polysorbate werden unverändert über Kot und Urin ausgeschieden, sie stehen aber im Verdacht, die Aufnahme von ansonsten nicht resorbierbaren Stoffen im Darm zu erhöhen. Auch als Spezial-Waschmittel in Putzmitteln und als Zusatz für Kälbermilch verwendet.

Bewertung: *An der Unbedenklichkeit bestehen erhebliche Zweifel. Eine Bewertung ist mangels vertrauenswürdiger Daten nicht möglich.*

E 442 Ammoniumsalze von Phosphatidsäuren

Ammoniumphosphatide werden fast nur für Schokolade verwendet. Gewinnung durch Behandlung von teilweise hydriertem Rüböl mit Phosphoroxiden und gasförmigem Ammoniak. Sie senken die Viskosität der Schokoladenschmelze und erleichtern so das Abfüllen in Tafeln. Während der Lagerung verhindern sie die Fettreifbildung der fertigen Schokolade. Sie erlauben dünnflüssigere Kuvertüren für Backwaren, was die Einsatzmenge an Schokolade verringert. Dabei sind sie geschmacksneutraler als Lecithine.

Bewertung: *Mangels brauchbarer toxikologischer Daten ist die Bewertung noch unklar.*

E 470a Natrium-, Kalium- und Calciumsalze von Speisefettsäuren

Seife. Die Speisefettsäuren werden aus natürlichen Fetten gewonnen und mit Laugen versetzt. Sie verbessern z. B. die Mürbung von Zwieback, unterstützen die Wirkung anderer Emulgatoren und fungieren daneben auch als Trennmittel.

Bewertung: *Vermutlich unproblematisch.*

E 471 Mono- und Diglyceride von Speisefettsäuren

Natürlich vorkommende Fettspaltprodukte, insbesondere wenn sie verdorben sind. Halten Brot und Feinbackwaren frisch. Daneben Verwendung als Schaumverhüter. Da sie wie Fette verstoffwechselt werden, ist kein Risiko erkennbar.

Bewertung: *Unbedenklich.*

E 472a Essigsäureester von Mono- & Diglyceriden von Speisefettsäuren

E 472b Milchsäureester von Mono- & Diglyceriden

E 472c Citronensäureester von Mono- & Diglyceriden

E 472d Weinsäureester von Mono- & Diglyceriden

E 472f Gemischte Wein- und Essigsäureester von Mono- & Diglyceriden

E 472 a-f werden hergestellt aus E 471, die man mit den angeführten Säuren reagieren lässt. Die hier genannten Ester werden vom Körper wie normale Nahrungsbestandteile verstoffwechselt. E 472a ist in erster Linie ein Schmier- und

Überzugsmittel für Würste, Nüsse und Rosinen. E 472b und c sind Schaumstabilisatoren für Desserts, Speiseeis und Fertigmischungen in der Bäckerei.

Bewertung: *Gelten als unbedenklich.*

E 472e Mono- und Diacetylweinsäureester von Mono- & Diglyceriden

E 472e (sogenannter DAWE-Ester) ist ein Mehlbehandlungsmittel, das für die stark aufgeblähten Brötchen sorgt. Es verbessert die Maschinengängigkeit der Teige. Speziell dieser Emulgator wurde von der Weltgesundheitsorganisation (WHO: FAS 2002; 48) kritisch beurteilt, nachdem bei Tierversuchen Nieren- und Herzschäden sichtbar wurden.

Bewertung: *An der Unbedenklichkeit von E 472e bestehen Zweifel. Da der Zusatzstoff außerdem die geschmackliche Qualität von Brötchen nachteilig beeinflusst, täten Bäcker wie Brotfabriken gut daran, darauf zu verzichten.*

E 473 Zuckerester von Speisefettsäuren

E 474 Zuckerglyceride

Umsetzungsprodukte von Zucker mit Fettsäuren (E 473) oder mit Speiseölen (E 474). Sehr aufwendige Herstellung, vor allem die Entfernung unerwünschter Begleitprodukte. Chemisch betrachtet eine Vorstufe des bekannten unverdaulichen Fettersatzstoffes Olestra, der bisher in der EU verboten ist. E 473 und E 474 sind zugelassen für Speiseeis, Desserts, Lightprodukte, Backwaren, Kaffeeweißer, Flüssigkaffee, Getränke und als Spreitmittel für die Wachsüberzüge von Frischobst.

Besorgnis lösten zunächst die Rückstände von Dimethylsulfoxid bzw. Ethylmethylketon in E 473 und E 474 aus, die bei der Herstellung als Lösungsmittel verwendet werden. Die Restmengen im fertigen Lebensmittel wurden jedoch von der Weltgesundheitsorganisation als unbedeutend eingestuft im Vergleich zu den natürlichen Gehalten.

Bewertung: *Datenlage für eine Beurteilung zu dürftig.*

E 475 Polyglycerinester von Speisefettsäuren

„Natürliches" Vorkommen in verbrauchten Frittierfetten. Synthese aus Glycid, Glycerin und Fettsäuren. Wichtiger Bestandteil von Backmitteln: Stabilisiert die Schäume von Biskuitmassen und die Blätterung von Blätterteigen. Ersetzt darin teures Fett. Deshalb auch in Schlankheitsmitteln beliebt. In Margarine als Antispratzmittel sowie als Kristallisationshemmer. In Orangenlimos als Weighting Agent zum Dispergieren von Zitrusaromen. Außerdem Schaumverhüter.

Vom Körper nur langsam metabolisiert, die freien Polyglycerine werden über die Nieren ausgeschieden.

Bewertung: *Fragwürdig.*

E 476 Polyglycerin-Polyricinoleat

Zur Herstellung werden sowohl Glycerin (E 422) als auch Rizinolsäure polymerisiert und anschließend beide Reaktionsgemische gemeinsam verestert. Verwendung für Schokolade (Viskositätssenkung zur energiesparenden Verarbeitung sowie zum präzisen Ausformen von Pralinen), für besonders dünne Kuvertüreüberzüge und fettarme Lightprodukte (erlaubt eine Erhöhung des Wasseranteils), als Trennmittel für Backbleche sowie für Prägemaschinen zur Herstellung von Süßwaren.

Toxikologisch umstritten, da im Tierversuch Leber- und Nierenschäden beobachtet wurden. Gleichzeitig kann bei Zusatz zu Schokolade die zulässige Dosis bereits mit einer Tafel überschritten werden.

Bewertung: *Sehr fragwürdig.*

E 477 Propylenglycolester von Speisefettsäuren

Sie wirken als Co-Emulgatoren in geschäumten Produkten wie Rührkuchen, Eiscreme und Desserts; sie erhöhen den Lufteinschlag (Stickstoff), stabilisieren Backcremes und steuern die Kristallisation von Hartfetten und Speiseeis.

Bewertung: *So überflüssig wie das darin enthaltene Propylenglykol (E 1520)*

E 479b Thermooxidiertes Sojaöl mit Mono- und Diglyceriden von Speisefettsäuren

Thermooxidierte Öle entstehen, wenn Fette in Gegenwart von Luftsauerstoff durch Erhitzung „verderben“. Je nachdem, wie der Prozess gesteuert wird, erhält man Produkte mit emulgierenden, demulgierenden oder trennenden Eigenschaften. Ihr Einsatz ist in der EU jedoch nicht gestattet. Diese Reaktionsgemische werden nun wieder mit Mono- und Diglyceriden (E 471) verestert, um ihre emulgierenden Eigenschaften zu verbessern. Das Resultat besitzt eine EU-Zulassung als Zusatzstoff für Fettemulsionen zum Braten. Thermooxidierte Öle kommen natürlicherweise in verbrauchten Fritierfetten vor.

Bewertung: *Verwendung als Zusatzstoff nicht sinnvoll, da gerade ihre Anwesenheit als Beweis für den Verderb und damit für die Ungenießbarkeit von Fetten gilt.*

E 481 Natriumstearolyl-2-lactylat

E 482 Calciumstearolyl-2-lactylat

Reaktionsgemische aus gehärteten Speisefettsäuren mit Milchsäure oder Polymilchsäure. Dabei sind zahlreiche Verbindungen mit einer kaum überschaubaren Zahl von Nebenprodukten möglich.

Wichtig für Toastbrot und Feinbackwaren: E 481 und E 482 verbessern Volumen, Porenfeinheit und Frischhaltung. Daneben erhöhen sie die Benetzbarkeit von Instantpulvern und die Stabilität von Schäumen. Interessant für Schnellkochreis, Frühstückscerealien, Kaffeeweißer und Diätnahrung.

__Die feine, gleichmäßige Porung__ von Toastbrot ist nicht nur eine technologische Herausforderung. Je größer das Gashaltevermögen der Poren, desto größer das Toastbrot und desto mehr „Brot" erhält der Kunde für sein Geld.

Es wird spekuliert, dass sich beide Stoffe im Lebensmittel wieder in ihre natürlichen und verdaulichen Ausgangsstoffe zersetzen. Die toxikologischen Daten sind dürftig.

Bewertung: *Höchst undurchsichtig.*

E 483 Stearyltartrat

Wachsartiges Reaktionsprodukt aus Stearylalkohol mit Weinsäure (E 334). Meistenteils Bestandteil britischer Backmittel, daneben wohl gelegentlich für Desserts verwendet. Dürftige Datenlage.

Bewertung: *Spielt glücklicherweise auf dem deutschen Markt noch keine nennenswerte Rolle.*

E 491 Sorbitanmonostearat
E 492 Sorbitantristearat
E 493 Sorbitanmonolaurat
E 494 Sorbitanmonooleat
E 495 Sorbitanmonopalmitat

Hergestellt aus Sorbit (E 420) und den Fettsäuren Stearinsäure (Stearat), Laurinsäure (Laurat), Ölsäure (Oleat) oder Palmitinsäure (Palmitat) bei etwa 250 Grad Celsius. Dabei entstehen komplexe Gemische mit emulgierenden Eigenschaften. Sie verzögern die Fettreifbildung in Schokolade, verbessern die Löslichkeit von Sahneimitaten („Kaffeeweißer") und dienen in Marmeladen und Süßspeisen als Schaumverhüter. Zugelassen für Milch und Sahneimitate, Früchte und Kräuterteekonzentrate, Nahrungsergänzungsmittel und Backwaren.

Im Verdauungstrakt wird ein Großteil wieder in seine Ausgangsstoffe gespalten, die theoretisch in geringer Menge kein Problem darstellen sollten. Toxikologische Datenlage jedoch dürftig.

Bewertung: *Mangels solider Daten keine Beurteilung möglich.*

E 999 Quillajaextrakt

Natürlicher Emulgator, Schaummittel und Aromastoff. Extrakt aus der Rinde des immergrünen südamerikanischen Seifenbaumes (*Quillaja saponaria*). Aufgrund seines hohen Gehaltes an schäumenden Saponinen wurde die Rinde früher als Waschmittel benutzt. War auch als Medikament gegen Husten und Haarausfall beliebt, wurde wegen mangelhafter Wirkung aber aufgegeben.

***Zur Gewinnung** von E 999 aus der Rinde des Seifenbaumes wird der wässrige Extrakt sprühgetrocknet oder durch Ultrafiltration zur Entfernung unerwünschter Begleitstoffe weiter aufkonzentriert.*

Der Extrakt schmeckt bittersüß. Verwendet vor allem für Cidre, Sportlergetränke, britische „Ginger ale"-Limonaden und natürlich für Shampoos.

Bewertung: *In niedriger Dosis vermutlich harmlos.*

Säuerungsmittel und Säureregulatoren

Als Säuerungsmittel gelten nicht nur Stoffe, die Speisen einen angenehm sauren Geschmack verleihen, sondern auch Laugen, z. B. zur Herstellung von Brezeln. Manche Säuerungsmittel haben konservierende Eigenschaften wie Essig, andere wirken als Stabilisator oder als Backtriebmittel, wieder andere als Geliermittel, als Wirkungsverstärker von Antioxidantien oder gar als Emulgator.

Säureregulatoren erlauben es, den Säuregrad eines Lebensmittels exakt einzustellen. Zu ihnen zählen vor allem so genannte Puffersubstanzen (Phosphate, Citrate), aber auch Laugen für Laugengebäck und Säuren.

Aus gesundheitlicher Sicht ist zu beachten, dass viele Säuren den Zahnschmelz angreifen. Zur Schädigung kommt es allerdings erst durch das Putzen der Zähne unmittelbar nach einer Mahlzeit aufgrund der Schleifwirkung der Zahnpasta. Wartet man mit dem Zähneputzen ein oder zwei Stunden, hat der Speichel genug Zeit, den Zahnschmelz wieder zu regenerieren.

E 260 Essigsäure
E 261 Kaliumacetat
E 262 Natriumacetate (Natriumacetat, Natriumdiacetat)
E 263 Calciumacetat

Naturessig ist ein uraltes und harmloses Konservierungsmittel. Heute werden Essigsäure (E 260) und ihre Salze (Acetate) synthetisch erzeugt, z. B. durch katalytische Umsetzung von Methanol mit Kohlenmonoxid oder durch katalytische Oxidation von Acetaldehyd mit Sauerstoff. Natürlicher Essig wird meist als „Weinessig" oder „Obstessig" deklariert.

Die Essigsäure und ihre Salze sind wichtig für die Herstellung von Kunstsauer. Damit lässt sich ein wertgemindertes „Sauerteig"-Brot fabrizieren, das der Kunde mangels Deklaration nicht immer von einem echten Sauerteigbrot unterscheiden kann. Natriumdiacetat (E 262) dient außerdem zur Konservierung für Brot.

Bewertung: Essigsäure ist ein unbedenklicher Lebensmittelinhaltsstoff. Wird sie als Ersatz für eine traditionelle Fermentation verwendet, ist das Ergebnis häufig ein wertgemindertes Lebensmittel. Synthetische Essigsäure ist ein gutes Reinigungsmittel für Bad und Toilette.

E 270 Milchsäure
E 325 Natriumlactat
E 326 Kaliumlactat
E 327 Calciumlactat

Natürlicher Bestandteil von Wein, Joghurt und Fleisch. Milchsäure und ihre Salze (Lactate) werden entweder mikrobiell aus Stärke oder durch Synthese aus Acetaldehyd und Blausäure gewonnen. Sie wirkt antibakteriell.

Es gibt zwei verschiedene Arten von Milchsäure, die L-Form („rechtsdrehend") und die D-Form („linksdrehend"). Bei der Herstellung von Sauermilchprodukten (Joghurt, Kefir, Buttermilch) entstehen beide Arten. Das Lebensmittelrecht erlaubt beide. Im menschlichen Körper wird die rechtsdrehende L-Form etwas schneller verstoffwechselt.

Bei Kleinkindern ist die Fähigkeit zum Abbau der D-Milchsäure nur gering entwickelt. Dadurch kann es zur Übersäuerung des Blutes (Acidose) kommen. Lebensmittel für Säuglinge müssen daher einen Warnhinweis tragen wenn sie D-Milchsäure enthalten. E 270 und E 325 sind für Bio-Produkte zugelassen.

Bewertung: *Für den Erwachsenen ist Milchsäure unbedenklich, egal wie herum sie sich dreht.*

E 296 Äpfelsäure

E 350 Natriummalate (Natriummalat, Natriumhydrogenmalat)

E 351 Kaliummalat

E 352 Calciummalat

Die Äpfelsäure kommt in vielen Früchten vor. Auch hier gibt es - wie bei der Milchsäure - eine L-Form und eine D-Form. Für Lebensmittel darf sowohl die natürliche L-Form als auch die synthetische D-Form verwendet werden. Sie hat einen leicht „grasigen" Geschmack, der gut mit herben Aromen harmoniert. Die Äpfelsäure und ihre Salze (Malate) werden auf chemischem oder biotechnologischem Weg gewonnen. E 296 ist auch für Bio-Produkte zugelassen.

Bewertung: *Akzeptabel.*

E 297 Fumarsäure

Stoffwechselprodukt vieler Lebewesen. Wird industriell in großen Mengen synthetisiert, weil es ein begehrter Ausgangsstoff zur Herstellung von Kunststoffen ist. Auch biotechnologische Gewinnung möglich.

Gilt als Säuerungsmittel, wirkt aber auch konservierend. Verbessert die Gelstärke und die Lagerfähigkeit von Instantfruchtmischungen für Backfüllungen. Als Zusatz in Milchaustauschern führte Fumarsäure bei Kälbern zu Erkrankungen (Nierenschäden, Herzrhythmusstörungen). In Hautpflegemitteln zur Behandlung der Schuppenflechte enthalten.

E 330 Citronensäure

E 331 Natriumcitrate (Mononatriumcitrat, Dinatriumcitrat, Trinatriumcitrat)

E 332 Kaliumcitrate (Monocalciumcitrat, Trikaliumcitrat)

E 333 Calciumcitrate (Monocalciumcitrat, Dicalciumcitrat, Tricalciumcitrat)

Die Citronensäure kommt in vielen Früchten vor (u. a. in Zitronen), sie ist in geringer Konzentration sogar ein natürlicher Bestandteil jeder menschlichen Zelle. Bei Zufuhr größerer Mengen von E 330 nimmt der Darm leichter unerwünschte Metalle wie Aluminium, Blei oder Radionuklide auf.

Als Zusatzstoff werden E 330 und ihre Salze (Citrate) von gentechnisch veränderten Mikroben aus

***Beispiel für einen Bioreaktor** im Labormaßstab. Darin werden Mikroorganismen gezüchtet, die Zusatzstoffe wie Säuren oder Vitamine ausscheiden.*

Zucker erzeugt. Citronensäure, die ja ein typischer Zusatz von Süßwaren, Limonaden und Süßspeisen ist, greift den Zahnschmelz an. Allerdings wird dieser durch den Speichel wieder remineralisiert. Wer jedoch bald nach dem Verzehr von sauren Drops, Orangensaft oder Gummibärchen die Zähne putzt, schleift den Zahnschmelz ab. Die Folge ist Zahnerosion.

Seine calciumlösende Wirkung wird in Ländern mit schlechter medizinischer Versorgung genutzt, um Nierensteine zu behandeln. Vier von fünf Steinen bestehen aus Calciumoxalat. Diese lösen sich mit dem Trinken von ein paar Flaschen Orangenlimo auf („lemonade therapy"). E 330, E 331 und E 333 sind für Bio-Produkte zugelassen.

***Bewertung:** Auch wenn die Zitronensäure ein Produkt des menschlichen Stoffwechsels ist, wäre manchmal ein Warnhinweis in Sachen Zahngesundheit angebracht - und fachlich begründeter als die Warnungen vor Zucker.*

E 334 Weinsäure
E 335 Natriumtartrate (Mononatriumtartrat, Dinatriumtartrat)
E 336 Kaliumtartrate (Monokaliumtartrat, Dikaliumtartrat)
E 337 Kaliumnatriumtartrat
E 353 Metaweinsäure
E 354 Calciumtartrat Traubensäure

Weinsäure ist ein Naturstoff, der meist aus Weinrückständen gewonnen wird. Dazu versetzt man Weinstein (E 336) mit Kalkmilch (E 526) und anschließend mit Schwefelsäure (E 513). Die Salze der Weinsäure heißen Tartrate. Im Gegensatz zu Äpfelsäure (E 296) ist Weinsäure nur in der unproblematischen und natürlichen L-Form erlaubt. Die Mischung von D- und L-Form nennt man Traubensäure. Sie darf nicht als Säuerungsmittel verwendet werden, ist jedoch zur Entfernung von Calcium aus Wein zugelassen. E 334, E 335 und E 336 sind in der EU auch für „Bio" erlaubt.

***Bewertung:** Die gesetzlichen Regelungen dienen in sinnvoller Weise dem Verbraucherschutz.*

E 338 Phosphorsäure

Stark ätzende Säure. Geruchlos und in ausreichender Verdünnung von angenehm saurem Geschmack. Verwendung als Säuerungsmittel in Colagetränken, zur Dicklegung von Milch bei der Herstellung von Hüttenkäse und als Aufschlussmittel für Kakao. Ansonsten zur Reinigung und Desinfektion von Verpackungsmaterialien für Lebensmittel, zur Herstellung von Aktivkohle und zur Wasseraufbereitung.

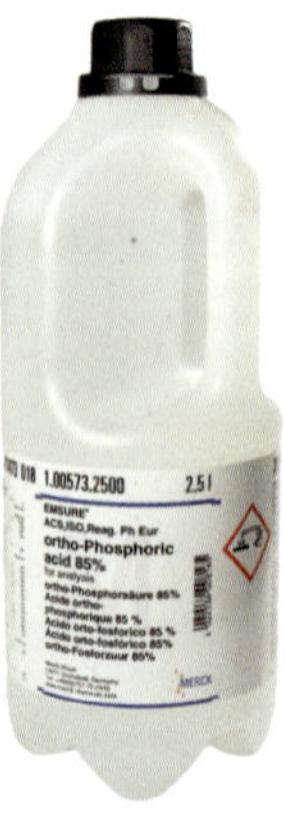

E 339 Natriumphosphate (Mononatriumphosphat Dinatriumphosphat, Trinatriumphosphat)

E 340 Kaliumphosphate (Monokaliumphosphat Dikaliumphosphat, Trikaliumphosphate)

E 341 Calciumphosphate (Monocalciumphosphat, Dicalciumphosphat, Tricalciumphosphat)

E 343 Magnesiumphosphate (Monomagnesiumphosphat, Dimagnesiumphosphat)

E 450 Diphosphate (Dinatriumdiphosphat, Trinatriumdiphosphat, Tetranatriumdiphosphat, Tetrakaliumdiphosphat, Dicalciumdiphosphat, Calciumdihydrogendiphosphat)

E 451 Triphosphate (Pentanatriumtriphospat, Pentakaliumtriphosphat)

E 452 Polyphosphate (Natriumpolyphosphate,

Kaliumpolyphosphate, Natriumcalciumpolyphosphat, Calciumpolyphosphat)

Phosphate gehören zu den umstrittensten Zusatzstoffen, obwohl sie nicht die bedenklichsten sind. Zwar gelten sie alle „von Amts wegen" als völlig harmlos. Aber bereits die Tatsache, dass sich E 341 in niedriger Konzentration als Schädlingsbekämpfungsmittel gegen Kornkäfer und Motten bewährt hat, stellt diese Behauptung in Frage.

Bislang ist zwar noch umstritten, ob Phosphate bei empfindlichen Kindern impulsives Verhalten (Hyperaktivität) auslösen können, es ist aber eher unwahrscheinlich. Polyphosphate beeinflussen jedoch den Calciumstoffwechsel des Menschen. In Kombination mit anderen Zusatzstoffen, den „modifizierten Stärken", traten bei Ratten Verkalkungen des Beckens auf. Der Verdacht, dass Lebensmittel mit nennenswerten Phosphatzusätzen wie Colagetränke oder Schmelzkäse bei regelmäßigem Konsum Osteoporose fördern, ließ sich in neueren Studien nicht bestätigen.

Rohphosphate enthalten zahlreiche Verunreinigungen. In Japan kam es in den fünfziger Jahren zu einer Massenvergiftung von Kleinkindern, nachdem man Babykost mit Phosphat versetzt hatte, ohne die hohen Arsengehalte zu entfernen.

Neben Arsen enthalten Rohphosphate erhebliche Rückstände an Cadmium und Uran. Die Urangehalte sind so hoch, dass die Wirtschaftlichkeit einer Gewinnung aus Rohphosphaten geprüft wurde. Mittlerweile wurde ein Teil der Verunreinigungen gesetzlich begrenzt.

Anwendung zur Erhöhung der Haltbarkeit und Aufhellung von Kartoffelprodukten (z. B. Pommes frites), zum Cremieren von Schmelzkäse, als Emulgator bei Backwaren (spart Eier), als Gerinnungshemmer von Eiereiweiß bei einer Hitzebehandlung, zur Verbesserung der Schlagfähigkeit von Sahne, als Gelierregulator für viele Verdickungsmittel, als Emulgator für Soßenpulver, zur Erhöhung des Wassergehaltes von Schinken und Brühwurst, zur Vermeidung von Wasserverlusten bei Fisch oder zur Regulation der Eiskristallstruktur von Speiseeis. E 341 ist als Backtriebmittel für Biobrot aus Fertigmehlen zugelassen.

Bewertung: *Bei den Polyphosphaten (E 452) bestehen aufgrund ihrer komplexierenden Eigenschaften Zweifel an der Unbedenklichkeit.*

E 355 Adipinsäure
E 356 Natriumadipat
E 357 Kaliumadipat

Adipinsäure ist ein Naturstoff, der bis zu 2 Prozent in Zuckerrübenmelasse enthalten ist. Die Herstellung erfolgt jedoch durch katalytische Oxidation von Cylcohexanon mit Salpetersäure.

Im Körper teilweise Abbau zu Wasser und Kohlendioxid, teilweise unveränderte Ausscheidung mit dem Urin. Adipinsäure hat einen unaufdringlichen aber langanhaltenden Sauergeschmack.

Breite Eignung als Zusatzstoff, in Backpulver als Triebmittel, in Eiklar als Aufschlagverbesserer, in Desserts als Säuerungsmittel. Adipinsäure reguliert die Gelierkraft von Verdickungsmitteln und die Streichfähigkeit von Schmelzkäse. Das Kaliumsalz E 357 ist Bestandteil von Kochsalzersatz. Auch zur Herstellung von Nylon.

E 363 Bernsteinsäure

Wurde erstmals in Bernstein entdeckt. Sie kommt ebenso wie die Zitronensäure in Spuren in jeder lebenden Zelle vor. Technisch wird sie durch Hydrierung von Maleinsäure gewonnen. Hat einen milden, sauren und leicht salzigen Geschmack. Für Süßwaren, Dessertpulver und Trockensuppen. Ansonsten Drehscheibe für zahlreiche Synthesen der chemischen Industrie wie beispielsweise für Kunststoffe.

E 380 Triammoniumcitrat

Ammoniumsalz der Zitronensäure (E 330). Vielfältiger Einsatz als Säureregulator und Komplexbildner zur Unterstützung von Antioxidantien. Stabilisiert die grüne Farbe von Gemüse ebenso wie die helle Oberfläche von geschälten Kartoffeln. Wirkt in Milchprodukten als Emulgator (Schmelzsalz). Steuert die Gelierung von Pektinen (E 440) in Konfitüren, Gelees und Süßwaren. Besonderer Vorteil: Auf eine Deklaration kann häufig verzichtet werden.

So rein und weiß,

wie auf den Werbefotos sollte der Blumenkohl auch auf dem Tisch aussehen. Bei Tiefkühlgemüse hlft manch ein Hersteller mit E 380 nach.

E 500 Natriumcarbonate (Natriumcarbonat, Natriumhydrogencarbonat)

Soda, Natron. Setzt Kohlendioxid frei. Verwendung als Backpulver und Brausepulver, als Säureregulator für Säuglingskost, Sauermilchkäse und Trinkwasser. Es verbessert die Verteilung von Kakaopulver und auch von Milcheiweiß (Casein) in Getränken. Auch für Bio-Produkte zulässig.

Bewertung: *Als Zusatzstoff gesundheitlich belanglos.*

E 501 Kaliumcarbonate (Kaliumcarbonat, Kaliumhydrogencarbonat)

Pottasche. Traditionelles Triebmittel für Lebkuchen. Zugelassen zur Behandlung von Kakao und als Neutralisationsmittel bei der Gewinnung von „Würze" mittels Salzsäure (E 507). Daneben wird es zur Schnelltrocknung von Rosinen verwendet, indem man damit die natürliche Wachsschicht der Trauben entfernt, so dass die Feuchtigkeit leichter verdunsten kann. In aller Regel keine Deklaration erforderlich. Auch für Bio-Produkte zulässig.

Lebkuchen
Hier ist ein Zusatzstoff sogar ein Qualitätsmerkmal: Nur echt mit Hirschhornsalz - E 503.

Bewertung: *Bisher unauffälliger Zusatzstoff.*

E 503 Ammoniumcarbonate (Ammoniumcarbonat, Ammoniumhydrogencarbonat)

Hirschhornsalz ist seit langem zur Herstellung von Lebkuchen und „Amerikanern" gebräuchlich, neuerdings auch für Kakao und Schokolade. Bei unmittelbarem Verzehr ist E 503 gesundheitsschädlich, aber beim Backen wird das Ammoniak weitgehend ausgetrieben bzw. reagiert mit bestimmten Inhaltsstoffen der Lebkuchengewürze zu stimmungsaufhellenden Amphetaminen. Auch für Bio-Produkte.

Bewertung: *Traditioneller Zusatzstoff für begehrte Spezialitäten.*

E 504 Magnesiumcarbonat

Magnesiumcarbonat wird zum Aufschluss von Kakao und Milcheiweiß sowie als Säureregulator in Tafelwasser verwendet. Daneben als Füllstoff für Kaugummi, Antiklumpmittel für Speisesalz und geriebenen Käse. Für Bio-Produkte zugelassen.

E 507 Salzsäure

Vor allem für die Zuckergewinnung aus Maisstärke bestimmt (Deklaration: „Glucosesirup", „Maltodextrine"), aber auch zur Gewinnung von „Würze" durch das chemische Auflösen (Säurehydrolyse) von Eiweiß. Die Salzsäure wird mit Soda (E 500), Pottasche (E 501) oder Natronlauge (E 524) neutralisiert, sodass Verätzungen ausgeschlossen sind.

Gefahrgut-Tankzug mit Salzsäure

Die Fracht ist erkennbar an der orangenen Tafel mit den Ziffern 80 1789.

Jedoch lassen die intensiven chemischen Umsetzungen bei der „Würze"-Herstellung (siehe Seite 172) zahlreiche neue und fragwürdige Reaktionsprodukte entstehen. Beispielsweise chlorierte Sterine oder Chlorpropanole, die früher sogar als Rattengift eingesetzt wurden. Inzwischen werden die Chlorpropanole aus dem Produkt entfernt. Keine Deklaration erforderlich.

Bewertung: *Die chemischen Reaktionen im Lebensmittel können problematisch sein.*

E 508 Kaliumchlorid

Deklarationsfreier Härter für bestimmte Geliermittel, wie Carragen (E 407). In Pökellaken fördert es die Wasseraufnahme des Fleisches. Wichtiges Düngemittel und typischer Kochsalzersatz.

Kalium ist zwar ein wichtiger Mineralstoff, aber bei einem Überschuss kommt es immer wieder zu Hyperkaliämien. Deshalb ist die Zunge so konstruiert, dass sie Kochsalzersatz über kurz oder lang erkennt und ablehnt. Dies hat einen evolutionären Grund: Da Salz lebenswichtig ist - auch Tiere nehmen weitere Wanderungen in Kauf, um Salz lecken zu können - ist der Geschmacksrezeptor im Mund spezifisch auf Natrium ausgelegt. Eine Verwechslung könnte tödliche Folgen haben. Auch wenn etwas zunächst „salzartig“ wirkt, erkennt es der Körper nach kurzer Zeit und lehnt es ab. Deshalb sind alle Kochsalzersatzmischungen zum Scheitern verurteilt.

Bewertung: *Als Härter für Geliermittel unbedenklich, als Kochsalzersatz problematisch.*

E 509 Calciumchlorid

Natürlicher Inhaltsstoff von Mineralwässern. Kann als Reinstoff bzw. als Pulver heftige Augenreizungen verursachen. Härter für bestimmte Geliermittel, Enthärter von Brauwasser zur Bierherstellung. Als Zusatz zur Käsereimilch erhöht es die Eiweißausbeute. Obst und Gemüse werden nach der Ernte mit E 509 besprüht, um die Festigkeit des Gewebes zu erhöhen. Schnibbelsalate und zerkleinertes Gemüse zur Weiterverarbeitung (Eindosen, Tiefgefrieren etc.) werden in eine Calciumchloridlösung zur Härtung der Pektinstrukturen getaucht. Dadurch lässt sich ein Weichwerden oder Verfärben verhindern. Für Bio-Produkte zugelassen.

Bewertung: *Als Zusatzstoff belanglos.*

E 513 Schwefelsäure

Vor allem zur Aufbereitung von Trinkwasser, zur Herstellung von Glucosesirup und Spezialprodukten aus Milcheiweiß (Siehe S. 168). Unerwünschte Reaktionen mit Lebensmittelbestandteilen sind nicht auszuschließen. Die Schwefelsäure selbst ist im fertigen Produkt neutralisiert und damit harmlos. Eine Deklaration ist dann nicht mehr erforderlich. Für Bio-Produkte wie Zucker zugelassen.

Bewertung: *Für Trinkwasser sinnvoll, zur Behandlung von Eiweißen problematisch.*

E 514 Natriumsulfate (Natriumsulfat, Natriumhydrogensulfat)

Glaubersalz. In der Medizin wird es als starkes Abführmittel eingesetzt, bei Lebensmitteln dient es zur Standardisierung von Farbstoffen. Im fertigen Lebensmittel ist seine Konzentration sehr gering.

Bewertung: *Wenn ein drastisches Abführmittel als Zusatzstoff für verarbeitete Lebensmittel zugelassen wird, lässt dies tief blicken - auch dann, wenn die Dosis niedrig sein mag.*

E 515 Kaliumsulfate (Kaliumsulfat, Kaliumhydrogensulfat)

Kaliumsulfat und Kaliumhydrogensulfat sind Salze der Schwefelsäure. E 515 ist ein kristallines Pulver mit bitterem, salzartigem Geschmack. Deshalb wird es auch als Kochsalzersatz verwendet. (Siehe Kaliumchlorid S. 92) Daneben zur Wasseraufbereitung, als Säureregulator in Limonaden, Trägerstoff für Zusatzstoffe und als Nahrungsergänzungsmittel. Ohne Höchstmengenbeschränkung für Lebensmittel allgemein zugelassen.

Im Übrigen Bestandteil von Kunstdünger (vor allem für Tabakpflanzen), Sprengstoffen und Feuerlöschmitteln.

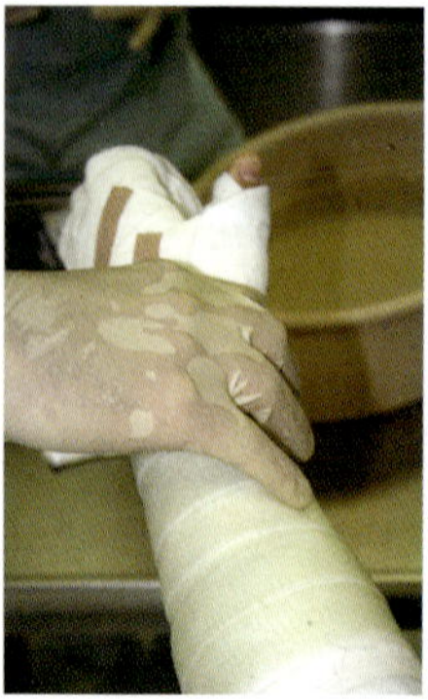

Gips (E 516)

nutzen nicht nur Maurer und Ärzte, sondern auch Bäcker und Brauer. Während das Bier nach einer Behandlung des Brauwassers frei davon ist, bleibt es im Brot als Stabilisator erhalten.

E 516 Calciumsulfat

Gips. Stabilisator für Brot, zur Aufbereitung von Brauwasser und zur Steuerung der Geliereigenschaften bestimmter Verdickungsmittel. Zusätzlich wird es als Antiklumpmittel verwendet und eignet sich außerdem als weißer Farbstoff. Für Bio-Produkte (als Koagulationsmittel) zugelassen.

E 524 Natriumhydroxid

Natronlauge; wird zum Eintauchen von Brezeln verwendet (daher auch der Name „Laugengebäck" und die rotbraune Oberfläche), zum Aufschließen von Kakao, zur Gewinnung von „Würze" und zur Trinkwasseraufbereitung. Beim chemischen Entbittern von Oliven wird auf die früher übliche Fermentation der Oliven verzichtet und die Bitterstoffe werden mittels Lauge aus den Früchten entfernt. Keine Deklaration erforderlich. Für Bio-Produkte zugelassen.

Bewertung: *Bei korrekter Anwendung kein gesundheitliches Problem für den Verbraucher. Wenn Brezeln allerdings auf Alublechen gelaugt werden, kann dies zu vermeidbaren Rückständen an Aluminium führen.*

E 525 Kaliumhydroxid

Kalilauge. Erforderlich zur Herstellung von Instanttee. Gelegentliche Verwendung beim Aufschluss von Kakao, zur Trinkwasseraufbereitung und zur Härtung von Oliven. Außerdem als Neutralisationsmittel bei der Gewinnung von „Würze" aus Eiweißrückständen (Gluten, Sojaexpeller) mittels Salzsäure. Dabei entsteht neutrales Kaliumchlorid (E 508). Keine Deklaration erforderlich.

E 526 Calciumhydroxid

Gelöschter Kalk, Kalkmilch. Zur Herstellung von Ei-Ersatz aus Milch, zum Kalken von Muskatnüssen, zur Wässerung von Stockfisch und zur Behandlung von Brauwasser. Für Bio-Produkte zugelassen.

E 527 Ammoniumhydroxid

Salmiakgeist; Ammoniak gelöst in Wasser. Reinigungsmittel z. B. für verzinktes Stahlblech vor der Lackierung. In der Lebensmittelindustrie zum Aufschluss von Eiprodukten, Milcheiweiß, Kakao und anderen Extrakten. Dabei verflüchtigt sich der Ammoniak. Daneben zur Neutralisierung von Säuren und zur Herstellung von Bio-Gelatine. Siehe unter Ammoniumcarbonat (E 503).

E 528 Magnesiumhydroxid

Zur Neutralisation von Säuren, zur Aufbereitung von Trinkwasser, zum Aufschluss von Kakaopulver und zur Erzeugung von funktionalen Additiven aus Milch (Spezialcaseinen). Gewinnung aus Meerwasserentsalzungs-Restlaugen.

E 529 Calciumoxid

Gebrannter Kalk. Gewinnung aus Kalkstein (Marmor, Kreide, Sinter) durch Austreiben des Kohlendioxids bei etwa 1000 °C in Drehöfen.

Zusammen mit E 526 (gelöschter Kalk) wichtiger technischer Hilfsstoff zum Abtrennen von CO_2 aus Luft und Packgasen, zum Ausfällen von Säuren, Eiweißen und Gerbstoffen aus Säften und Fermentationsansätzen, zur Gewinnung bzw. zum Aufkonzentrieren von Zucker (Saccharose) und Zitronensäure. Zugelassen zur Trinkwasseraufbereitung, für Kakaoerzeugnisse und zur pH-Korrektur von Entwöhnungsnahrungen von Säuglingen.

Daneben vor allem im Bauwesen zur Herstellung von Bindemitteln, Imprägnierungen und Anstrichen.

Bewertung: *Bei Verwendung als technischer Hilfsstoff unproblematisch.*

E 541 Saures Natrium-Aluminiumphosphat

Säureträger in Backpulver für Bisquitgebäck. Enthält Aluminium - im fertigen Gebäck dürfen davon bis zu 1 Gramm pro Kilo vorhanden sein. Aluminium spielt eine wichtige Rolle bei degenerativen Erkrankungen des Nervensystems (Morbus Alzheimer). Vor allem Menschen mit geschädigten Nieren können das Leichtmetall nicht ausscheiden. Deshalb ist dieser Zusatzstoff aus Gründen des vorbeugenden Verbraucherschutzes nicht akzeptabel.

Bewertung: *Indiskutabel.*

E 574 Gluconsäure

Gluconsäure kommt in geringer Menge natürlich in Honig und Wein vor. Sie wird entweder durch Oxidation von Glucose mit Bromwasser hergestellt oder biotechnologisch aus Glucose mittels Schimmelpilzen (*Aspergillus*- und *Penicillium*-Arten). Gluconsäure dient neben ihrer Verwendung als Metallbeize und Rostschutz in Spraydosen auch als Säuerungsmittel und Antioxidans für Limonaden. Übermäßiger „Genuss" kann leicht abführend wirken.

Bewertung: *unbedenklich.*

E 575 Glucono-delta-Lacton

Glucono-delta-Lacton (GdL) kommt in geringer Menge in Rosinen und anderen getrockneten Früchten vor. Als Reinstoff bildet es farblose, süße Kristalle. In wässriger Lösung (z. B. Limonaden) liegt GdL als Gluconsäure (E 574) vor.

Aufgrund seiner calciumlösenden Eigenschaften Bestandteil von Reinigungsmitteln; in Molkereien und Brauereien zur Verhütung von Milch- bzw. Bierstein verwendet.

Als Zusatzstoff überall dort im Einsatz, wo es auf eine verzögerte Säureentwicklung ankommt: Er hilft, dass Joghurt, Desserts und Tofu erst nach dem Abfüllen gelieren und sorgt dafür, dass in vorgefertigten Teigen ein langsamer hefeähnlicher Trieb einsetzt. In Backpulver als Triebmittel, in Wurst als Umrötebeschleuniger (siehe auch Nitrat und Nitrit, E 249 bis E 252) und in Instantpuddings als Säureregulator.

Ein Kuriosum ist der Zusatz von Gluconsäure in Energydrinks. Dort dient sie zur Unterstützung des erhofften Placeboeffekts.

Bewertung: *Als Zusatzstoff in üblicher Menge gesundheitlich in jeder Hinsicht belanglos.*

E 576 Natriumgluconat

E 577 Kaliumgluconat

Salze der Gluconsäure (E 574). Unterstützen die Wirkung von Antioxidantien, machen Milcherzeugnisse besser quellfähig und maskieren den bitteren Nachgeschmack von Süßstoffen.

E 578 Calciumgluconat

Als Salz der Gluconsäure zur Calciumaufbesserung von Diätprodukten vorgesehen. Daneben als Rieselhilfsstoff geeignet. In der Medizin intravenös zur Behandlung eines Calciummangels bzw. eines Kaliumüberschusses verabreicht. Auch als Gegenmittel bei einer Überdosis Magnesiumsulfat, die Schwangere zur Vorbeugung vor einer Präeklampsie erhalten.

Bewertung: *Siehe auch Nahrungsergänzung Seite 129.*

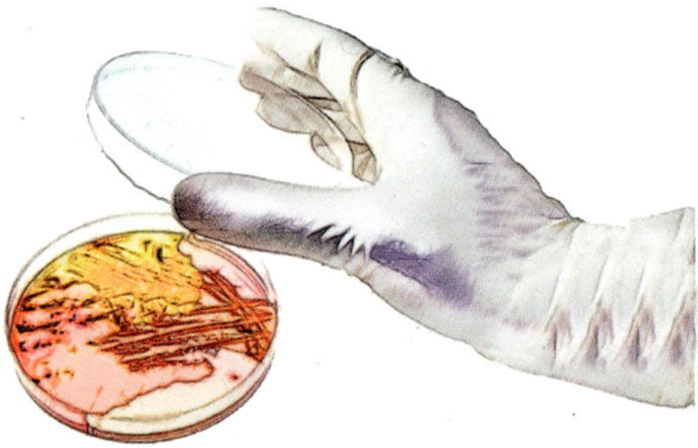

Aromastoffe und Geschmacksverstärker

Sie verleihen Speisen ihren typischen Geruch und Geschmack, unterdrücken Geschmacksfehler und lassen diese immer gleich schmecken - eine wichtige Voraussetzung für Markenware. Ohne Aromen gäbe es wohl kaum das breite Sortiment an Convenienceprodukten. Unverzichtbar sind sie vor allem dort, wo sensorisch unbefriedigende Rohstoffe oder Verfahren zum Einsatz kommen, die den Geschmack beeinträchtigen. Aromen sind die „Wunderwaffe" im Preiskampf.

Bis vor wenigen Jahren war die Zahl der Aromen ein großes Geheimnis, man munkelte, dass von den bekannten 10.000 Aromastoffen etwa 3.500 bei Lebensmitteln eingesetzt würden. Angesichts dessen versuchte sich die EU zunächst einen Überblick zu verschaffen. Die Hersteller legten 2.800 Substanzen offen. Diese wurden vom Wissenschaftlichen Lebensmittelausschuss der EU einer ersten Prüfung unterzogen. Das Ergebnis liegt seit 2013 in Form einer verbindlichen Positivliste vor. Sie umfasst etwa 2.100 Stoffe, die legal genutzt werden können. Ein Teil dieser Substanzen steht noch auf dem Prüfstand.

Der Wunsch nach „natürlichen Aromen" führte dazu, dass eine große Zahl von Aromastoffen heute mikrobiologisch durch Bakterien und Schimmelpilze erzeugt wird. Bei „fertigen" Aromen handelt es sich meist um Mixturen, die aus einer Vielzahl von Einzelstoffen erstellt wurden. So wie Worte aus Buchstaben entstehen, werden Aromen aus zahlreichen Einzelsubstanzen komponiert - nur dass hier aus einem Fundus von tausenden „Buchstaben" geschöpft werden kann. Je nachdem, ob das Aroma in der Hitze (Tee) oder in der Kälte (Eiscreme) freigesetzt wird, oder ob die Wasser- oder die Fettphase der Geschmacksträger ist, sind andere Stoffe erforderlich, um den gleichen Geschmackseindruck hervorzurufen. Da auch die Geschmäcker verschieden sind, können die Lebensmittelhersteller auf eine breite Auswahl zurückgreifen; allein im Falle von Erdbeer-Aromen gibt es hunderte unterschiedlicher Mixturen.

Aromen zählen juristisch nicht zu den Zusatzstoffen. Dennoch gelangen über sie Zusatzstoffe wie Lösungsmittel, Streckmittel, Antioxidantien und Konservierungsmittel ins Essen.

Nach der aktuellen EU-Verordnung wird nicht mehr zwischen natürlichen, naturidentischen und künstlichen Aromen unterschieden. Es genügt der Begriff „Aroma". Dennoch wird der Begriff „natürlich" weiterverwendet, allerdings nach neuen - und für den Verbraucher undurchsichtigen - rechtlichen Kriterien. „Naturidentisch" und „künstlich" werden wohl trotzdem in der öffentlichen Diskussion weiter benutzt werden. Die meisten jetzt zulässigen Begriffe sind wertlos, die einzige korrekte Beschreibung liefern die FL-Nummern - ein System, das sich an den E-Nummern orientiert. Die FL-Nummern sind aber nur für die Unternehmen da, dem Verbraucher werden sie verschwiegen.

Derzeit lautet die einzige eindeutige Deklaration: „Ohne Zusatz von Aromen". Nur dann kommt der Geschmack von den Zutaten.

Aromaextrakte

Werden aus natürlichen Ausgangsstoffen, vor allem Lebensmitteln extrahiert, wie Vanilleextrakt, Orangenschalendestillat oder Zedernholzöl. Zur Extraktion verwendet man als Lösungsmittel Ethylalkohol, Kohlendioxid (E 290), Cyclohexan, Methylethylketon, Diäthyläther oder Tetrafluoräthan (siehe Seite 134). Rückstände dieser Stoffe sind gelegentlich in aromatisierten Lebensmitteln nachweisbar.

Das Wort „Aromaextrakte" ist eine Extrawurst für die deutschen Hersteller - in allen anderen Ländern heißt der Begriff korrekt „Aromazubereitung" Zwar handelt es sich meist um Extrakte, aber diese werden so nachbearbeitet, bis das Aromaprofil „passt". In einigen Fällen dient das sogar dem Verbraucherschutz: Zitrusöle sollten deterpeniert werden, weil die natürlicherweise im Schalenöl vorhandenen Terpene, namentlich das α-Pinen, aber auch das Limonen gesundheitsschädlich sind. (Siehe S. 107)

Besonders reizvoll sind Aromen aus Käse- oder Fischresten, die mit Enzymen zerlegt wurden - der Vorgang entspricht einem gezielten beschleunigten Verderb. Die daraus abdestillierten oder extrahierten Riechstoffe sind natürlich ebenfalls „natürlich". Deklaration „Gorgonzola Destillat" oder „natürliches Heringsaroma".

Natürliches (Erdbeer)-Aroma

Ein „natürliches Erdbeer-Aroma" sollte zu mindestens 95 Prozent aus Erdbeeren stammen. So bleiben knapp 5 Prozent für andere Aromen. Und auf die kommt es an. Denn es gibt gewaltige Unterschiede in der Aromaintensität. Bleiben bei der Herstellung von Erdbeertorten die weniger hübschen Früchte und sonstigen Erdbeerbestandteile übrig, besteht eine Möglichkeit der Verwertung darin, einen Aromaextrakt zu gewinnen. Das Ergebnis ist sensorisch eher enttäuschend. Aber mit einer Zugabe von ein paar Prozent synthetischem Erdbeer-Aroma ist der Geschmack voll da.

Auch wenn ein solches Vorgehen lebensmittelrechtlich angreifbar ist, so ist der wirtschaftliche Vorteil enorm und wird, wie Untersuchungen zeigen, weidlich ausgenutzt.

Wenn ein Hersteller den Geschmack von echten Erdbeeren will, wäre die direkte Verwendung echter Erdbeeren billiger als ein Aroma, das aufwendig aus Erdbeeren gewonnen wurde. Letzteres wäre noch dazu hochempfindlich.

Natürliches Aroma

„Natürliches Aroma (Apfel)", wird beispielsweise aus Tagetesöl, Weinfuselöl, Hefeöl-Destillat gemixt und mit etwas biotechnologisch hergestelltem Äthylacetat abgerundet. Viele Aromen, vor allem Geschmacksrichtungen wie Pfirsich, Kokos, Nuss oder Bratkartoffel verdanken wir dem Fortschritt in Biotechnologie und Gentechnik. Produzenten sind heute modifizierte Schimmelpilze und Bakterien.

Eine korrekte Deklaration bei Extrakten aus genveränderten Mikroben wäre „Natürliche Aromastoffe (Pfirsichgeschmack)". Da auch diese Aromen aus einer Fermentationsbrühe extrahiert werden, ist die Verlockung groß, lieber das Wort „Extrakt" zu verwenden. Es bleibt abzuwarten, wie die Unternehmen das neue Aromenrecht auszulegen gedenken.

„Natürlicher" Himbeergeschmack *wird gewöhnlich nicht aus Himbeeren sondern aus Zedernholzöl gewonnen.*

Naturidentische Aromastoffe

Stoffe, die nach bisherigem Recht „naturidentisch" waren, können nach neuem Recht sich in neugewonnener Natürlichkeit sonnen. Nach bisheriger Definition sind sie den natürlichen Aromastoffen überwiegend chemisch gleich oder zumindest recht ähnlich, werden aber synthetisch hergestellt. Naturidentische Aromen sind gewöhnlich aus zahlreichen Einzelsubstanzen kombiniert.

„Naturidentisch" heißt nicht, dass die Stoffe auch in den jeweiligen Lebensmitteln, deren Geschmackseindruck sie erwecken, natürlich vorkommen müssen. Es bedeutet nur, dass sie irgendwann von irgendjemandem irgendwo in der Natur nachgewiesen und daraufhin im Labor nachgebaut wurden.

Wird beispielsweise Vanillin synthetisch aus den Sulfitablaugen der Papierproduktion hergestellt und zur Abrundung mit Tonkabohnen-Extrakt versetzt, heißt der Mix nun „Vanille Aroma". Er kann aber nach Ansicht von Experten auch als „natürliches Aroma" bezeichnet werden. Andererseits kann die Bezeichnung „Vanille Aroma" auch für ein Aroma mit künstlichem Äthylvanillin gewählt werden.

Greift der Hersteller hingegen zu biotechnologischem Bazillen-Vanillegeschmack, dann wird es womöglich als „natürlicher Vanille Exsxtrakt" auf den Etiketten auftauchen. Verwirrt? Keine Sorge, die vielen feinsinnigen juristischen Unterscheidungen sind analytisch nur unter großem Aufwand nachprüfbar. Das schützt die Hersteller vor einer Verfolgung durch die Behörden.

Bewertung: *Ein Bezug zur Realität ist bei diesen Rechtsvorschriften nicht zu erkennen und wohl auch nicht beabsichtigt.*

Künstliche Aromastoffe

Sie kommen definitionsgemäß in der Natur nicht vor, werden in der Regel durch Synthese hergestellt; wie Äthylvanillin, Methylcumarin, Ammoniumchlorid. In Deutschland sind nur etwa 15 künstliche Aromen zugelassen. Sie spielen auf dem Markt kaum eine Rolle. Bis vor wenigen Jahren waren sie die einzigen Aromastoffe, die einer gesundheitlichen Prüfung unterzogen worden waren.

Die verbreitete Deklaration „ohne künstliche Aromen" bedeutet im Subtext meistens: „Dem Produkt wurden wie immer Aromen zugesetzt, aber wir wollen nicht, dass Sie das beim Einkauf merken."

Bewertung: *Künstliche Aromen sind die einzigen Aromastoffe, die von Anfang an einer toxikologischen Prüfung unterzogen wurden.*

Aromapräkursoren

Aromastoffe werden in der Natur wie in der Küche aus anderen Substanzen gebildet - in Früchten meist durch Enzyme und in der Küche gewöhnlich durch Hitze. Dies macht man sich zur Erzeugung von Aromastoffen zunutze, indem man die entsprechenden Vorläufer (Präkursoren) zum Produkt zugibt. So entsteht das Aroma erst bei der Zubereitung in der Küche, so z. B. beim Aufbacken von Tiefkühlbrötchen.

Wichtig wird diese Technologie besonders für Frischobst und Frischgemüse. Durch Zugabe von Aromapräkursoren während der Lagerung oder zu den Packgasen (siehe Seite 150) von Obst und Gemüse, die in Folie verpackt sind, entsteht dann durch die pflanzeneigenen Enzyme der intensive Duft nach Erdbeeren, Birnen oder Pfirsichen. Auch bei Wein interessant: Werden die Aromapräkursoren während der Gärung zugesetzt, bauen die Hefen daraus das gewünschte Aroma.

Bewertung: *gesundheitlich unbedenklich, aber Täuschung.*

510 Ammoniumchlorid

Salmiak; Geschmacksstoff in Lakritzwaren und Salmiakpillen. Sowohl am Tier als auch am Menschen wurden zahlreiche Nebenwirkungen beobachtet: Knochenschäden und Veränderungen von Blutbild, Nebenschilddrüsen und Nebennierenrinde. Nach Angaben der Weltgesundheitsorganisation führten Versuche mit Schwangeren (!) zu Gewichtsverlust, Erbrechen, Appetitlosigkeit und Hyperventilation. Gegen den Einsatz als Hefenährstoff zur Weinherstellung und zur Aufbereitung von Trinkwasser bestehen keine Einwände, da kaum Rückstände im Produkt verbleiben.

Bewertung: *Als Aromastoff indiskutabel. Zusätze ab 4,5 % müssen als „extra stark" deklariert werden.*

E 620 Glutaminsäure

E 621 Mononatriumglutamat

E 622 Monokaliumglutamat

E 623 Calciumdiglutamat

E 624 Monoammoniumglutamat

E 625 Magnesiumdiglutamat

Geschmacksverstärker; Herstellung durch gentechnisch veränderte Bakterien üblich. Glutaminsäure ist zwar mengenmäßig ein wichtiger Bestandteil von Eiweißen, die Wirkung von freiem Glutamat unterscheidet sich aber wesentlich von Glutaminsäure, die in gebundener Form als Protein vorliegt. In manchen Lebensmitteln ist von Natur aus etwas mehr freie Glutaminsäure enthalten, was ihre Beliebtheit erklärt; beispielsweise in Tomatensoße und Parmesan in der italienischen Küche oder Sojasoße und Algen in der japanischen Kochtradition.

In höherer Dosis kann Glutamat bei empfindlichen Menschen das „China-Restaurant-Syndrom" auslösen: Schläfendruck, Kopfschmerzen, Steifheit im Nacken. Betroffen sind davon vor allem Menschen europäischer Abstammung, während Asiaten offenbar daran angepasst sind. (Bei Milchzucker verhält es sich genau umgekehrt).

Im Tierversuch Fortpflanzungsstörungen und Lernschwierigkeiten bei den Nachkommen. E 620 erhöhte zusätzlich die Fresslust und förderte Übergewicht. Auch wenn die Übertragbarkeit auf den Menschen noch offen ist, so deuten einige Befunde darauf hin, dass der Mensch sogar empfindlicher reagieren könnte als die üblichen Versuchstiere.

Auf jeden Fall täuschen Geschmacksverstärker den Verbraucher über die tatsächliche Qualität der Ware. Glutamat ist der Joker im Preiskampf - und geht fast immer zu Lasten der Qualität. Siehe hierzu auch Hefeextrakt und Würze (Seite 170).

Bewertung: *Die Höchstmenge von 10 Gramm pro Kilo Lebensmittel ist technologisch nicht erforderlich und sollte deshalb aus Gründen des gesundheitlichen Verbraucherschutzes auf 2 Gramm gesenkt werden. Damit ist auch dem natürlichen Gehalt in vielen Lebensmitteln Rechnung getragen.*

Beachte: *Da Glutamat einen schlechten Ruf genießt, weichen viele Hersteller auf andere Begriffe aus, um den Zusatz zu verschleiern. Ein besonders verräterischer Hinweis auf Geschmacksverstärker ist die Formulierung „ohne geschmacksverstärkende Zusatzstoffe“.*

Stattdessen sind geschmacksverstärkende Zutaten drin wie „Hefeextrakt“ (siehe Seite 170) „Würze“ (siehe Seite 172), oder „Tomatenserum“ (siehe Seite 173), Eine besonders listige Deklaration von Glutamat lautet simpel: „Aroma“.

E 626 Guanylsäure

E 627 Dinatriumguanylat

E 628 Dikaliumguanylat

E 629 Calciumguanylat

E 630 Inosinsäure

E 631 Dinatriuminosinat

E 632 Dikaliuminosinat

E 633 Calciuminosinat

E 634 Calcium-5'-Ribonucleotid

E 635 Dinatrium-5'-Ribonucleotid

Geschmacksverstärker. Aufgrund ihrer synergistischen Wirkung mit Glutamat werden sie gern in Kombination eingesetzt. Dadurch lässt sich der Zusatz an Glutamat deutlich verringern.

Im menschlichen Stoffwechsel werden sie zu Harnsäure abgebaut. Im

Tierversuch harmlos, da es Ratten und Mäuse im Gegensatz zum Menschen zum unbedenklichen Allantoin umwandeln können. Jedoch geben die eingesetzten Mengen beim Menschen gewöhnlich keinen Anlass zur Besorgnis. (siehe auch AMP-Desaminase S. 157)

Bewertung: *Angesichts ihrer Fähigkeit geschmackliche Mängel, insbesondere fehlende Vollmundigkeit zu ersetzen, handelt es sich um typische „Schummelstoffe" für Fertiggerichte.*

636 Maltol

Geschmacksverstärker für Gebäck, Schokolade und Süßwaren aller Art. Natürliches Vorkommen in vielen Lebensmitteln wie Malz, Brot, Butter, Erdnüssen oder Kaffee. Charakteristisch ist sein „samtartiger" Geschmackseindruck. Maltol wirkt zusätzlich konservierend.

Im Tierversuch bei höherer Dosierung Veränderungen des Blutbildes und der Nervenfunktion. Deshalb erscheint ein ausufernder Einsatz nicht ratsam.

Maltol gilt nach bisherigem Recht kurioserweise als „künstlicher" Aromastoff.

637 Äthylmaltol

Künstlicher Geschmacksverstärker, etwa fünfmal so intensiv wie Maltol (636). Intensiviert vor allem den Geschmack von süßen Speisen und Getränken. Herstellung durch Abbau des Antibiotikums Streptomycin mit Laugen. Ein mögliches Risiko wird für Patienten diskutiert, die an Thalassämie, einer hierzulande seltenen Erbkrankheit, leiden.

E 640 Glycin und dessen Natriumsalz

Süßliche Aminosäure, die ansonsten vor allem in Form von Knorpeln verspeist wird. Glycin verstärkt den Geschmack von Süßstoffen, Suppen, Soßen, Würsten und Würzmitteln. Gewinnung entweder aus Gelatine, durch chemische Synthese oder mit gentechnisch veränderten Mikrorganismen. Wichtiger Neurotransmitter im Gehirn.

E 650 Zinkacetat

Verstärkt bittere Geschmackseindrücke. Zulassung nur für Kaugummi und zur Anreicherung von diätetischen Lebensmitteln mit Zink. Zink ist ein essentieller Nährstoff für Schimmelpilze. Deshalb steigt mit der Verfügbarkeit von Zink in Getreide, vor allem in Mais, auch die Rückstandsbelastung mit Aflatoxinen. In Zahnfüllungen fördert Zink Kieferaspergillosen, also das Wachstum gefährlicher Schimmelpilze. Für Personen mit Pilzerkrankungen des Gastrointestinaltraktes problematisch.

Verwendung von E 650 ansonsten zur Konservierung von Holz und als Brechmittel.

Zwar nahm der Zinkgehalt in Lebensmitteln durch Verzicht auf die Verwendung verzinkter Transportgefäße und Wannen in der Vergangenheit etwas ab, aber durch den vielfältigen Einsatz in der Landwirtschaft (vor allem um inzwischen verbotene Antibiotika und Wachstumsförderer zu ersetzen) wurde es zum Umweltgift, das sich auf landwirtschaftlichen Böden anreichert - und auf diesem Wege für eine vermeidbare Belastung unserer Nahrungs- und Futtermittel mit Aflatoxinen sorgt.

Bewertung: *Die Verwendung von Zink zur Herstellung von Lebensmitteln ist nicht akzeptabel.*

E 927b Carbamid

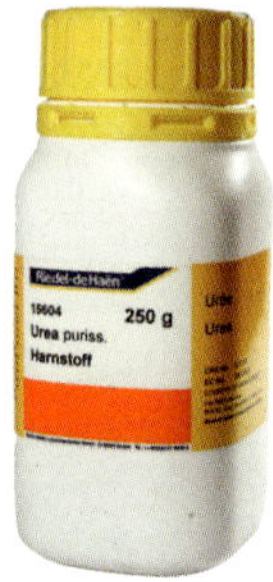

Harnstoff. Natürlicher Stoff, der im Urin reichlich enthalten ist. Geschmacksverbesserer für zuckerfreie Kaugummis. Außerdem verbessert Harnstoff die Kaueigenschaften. Düngemittel.

Bewertung: *In geringer Menge unbedenklich.*

Äthylvanillin

Nach bisherigem Recht künstlicher Aromastoff, riecht dreimal so intensiv wie Vanillin. Mittlerweile wurde Äthylvanillin in einem Meeresschwamm nachgewiesen und wechselte damit in die Gruppe der Naturstoffe. Gentechnische Herstellung möglich. Beliebt zum Panschen von „natürlichem Vanille-Extrakt". Verstärkt die Geschmacksrichtungen „Schokolade" und „Frucht". Verbessert daneben die Haltbarkeit. Im Tierversuch entzündungshemmend und schmerzlindernd.

Bewertung: *Dieser Aromastoff ist noch für mehr Überraschungen gut.*

Chinin (Chininhydrochlorid, Chininsulfat)

Bitterstoff für Tonic Water. Chinin wurde ursprünglich aus der Rinde des Chinabaumes (*Cinchona pubescens*) gewonnen. Heute chemisch synthetisiert. Chinin ist ein starkes Plasmagift und tötet zahlreiche Mikroben ab. Deshalb ist es nicht nur ein Medikament gegen Malaria und andere Erkrankungen sondern auch ein Konservierungsmittel. Die Gehalte in modernen Bitterlimonaden reichen aber nicht für eine Malariaprophylaxe aus.

In Limonadenflaschen aus Weißglas zersetzt sich Chinin schnell in Abbauprodukte, deren gesundheitliche Bedeutung noch im Dunkeln liegt. Daneben wurden Sehstörungen, Allergien und unerwünschte Wechselwirkungen mit üblichen Arzneimitteln beobachtet. Eine Schwangere, die täglich etwa einen Liter Tonic Water getrunken hatte, brachte einen chininabhängigen Säugling zur Welt.

Bewertung: *Die Zulassung eines Arzneimittels als Aromastoff hat einen merkwürdigen Beigeschmack, zumal unbedenklichere Bitterstoffe zur Verfügung stehen.*

Limonen

In der Natur weit verbreiteter Aromastoff (Terpen), der angenehm nach Orangen riecht. Trotz seiner hautreizenden Wirkung für Kosmetika verwendet. Wird auch als Lösungsmittel und Insektengift benutzt. Hat sich im Tierversuch eindeutig als krebserregend erwiesen. Aus Sicht der WHO nicht auf den Menschen übertragbar. Derzeit laufen klinische Tests als Krebsmedikament.

Bewertung: *An der Unbedenklichkeit des Naturstoffes bestehen Zweifel, eine abschließende Bewertung ist derzeit noch nicht möglich.*

Quassiaholz

Quassiaholz stammt von mittelamerikanischen Bitterholzgewächsen („Fliegenholz", *Quassia amara*). Wirkstoff ist der geruchlose Bitterstoff Quassi(i)n. Die Einheimischen nutzen Quassiaholz gegen Magenbeschwerden, Bandwürmer und Fieber. Quassiaholz ist in Deutschland als Geschmacksstoff für Branntwein zugelassen und dient daneben als Fraßgift zur Insektenbekämpfung. Der Wissenschaftliche Lebensmittelausschuss der EU hat mittlerweile seine Bedenken gegen Quassiin geäußert. Der Europarat hat bereits ein Verbot empfohlen.

Blüte des Quassiabaums

In Südamerika ein Mittel gegen Bandwürmer, in Europa Biopestizid und Geschmacksstoff.

Bewertung: *Als Aromastoff ist Quassiin verboten, nicht jedoch der quassiinhaltige Aroma-Extrakt aus Fliegenholz. Die Zulassung sollte schleunigst widerrufen werden.*

Raucharoma

Siehe Flüssigrauch, S. 173.

Reaktionsaromen

Mixturen, die durch kontrolliertes Verschmurgeln von „Zuckern" und „Eiweißstoffen" in Gegenwart von Katalysatoren wie Thiamin erzeugt werden (sog. Maillard-Reaktion). Durch gezielte Wahl der Ausgangsstoffe und der Prozessbedingungen - hier gibt es jeweils ein breites Spektrum - lassen sich Brat-, Röst- und Backaromen jeglicher Couleur imitieren: Vom gegrillten Thunfischsteak, Döner und Brathering, über Hühnersuppe, Schweinebraten und Hackfleischbällchen, bis hin zu Gulasch, Schnitzel und Rindsroulade - und das alles noch dazu in vielen Nuancen. Beliebt bei Fertigerichten.

Bewertung: *Bräunungsprodukte, wie sie in der Brotkruste, auf Braten oder in dunklem Bier enthalten sind, haben sich bei Tests als Krebsschutzstoffe erwiesen - namentlich die dunklen Röstprodukte. Ob dies auch für Reaktionsaromen zutrifft, ist derzeit noch unbekannt.*

Vanillin

Natürliches Vorkommen in der Vanilleschote, die Kapselfrucht einer Orchidee (*Vanilla planifolia*). Früher wurde „naturidentisches" Vanillin aus den Sulfitablaugen hergestellt, die bei der Zellstoffgewinnung anfielen. Heute gewinnen bio- und gentechnologische Verfahren an Bedeutung, um das Resultat als „natürliches Aroma" zu deklarieren. Als Ausgangsstoff dienen z.B. andere Aromen wie Eugenol, die in großer Menge billig zur Verfügung stehen.

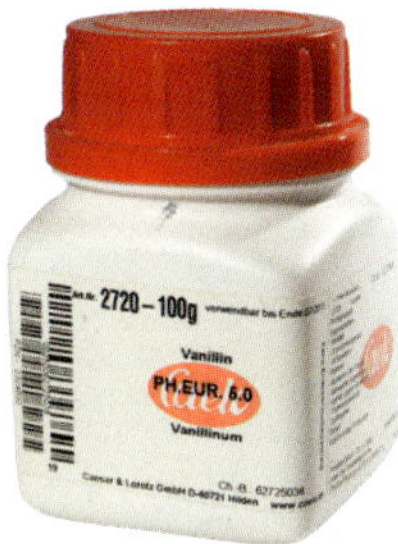

Vanillin

Der Ersatz der edlen Orchidee wird aus dem Abwasser von Papierfabriken gewonnen oder gen- bzw. biotechnologisch erzeugt.

Dieser an sich harmlose Stoff wurde jahrzehntelang der Säuglingsnahrung zugesetzt, mit der Folge einer „Futterprägung" auf Vanillin beim Erwachsenen. Die negative Presse hat die Hersteller bewogen, auf diesen Zusatz zu verzichten.

Erhöht als Antioxidans die Haltbarkeit von Frühstücksflocken.

Bewertung: *Harmloser Aromastoff. Hat in Säuglingsanfangsnahrung dennoch nichts verloren.*

Zimtaldehyd

Bedeutender Aromastoff von warmer, süßlicher, zimtartiger Note. Je nach Zimtart schwankt der Z.-Gehalt im ätherischen Öl zwischen einem Promille und 75 Prozent (Ceylonzimt, *Cinnamomum verum*). Im Cassiazimt (*Cinnamomum cassia*) sind es bis zu 90 Prozent. Er wird sowohl als natürlicher Extrakt als auch als synthetische Reinsubstanz gehandelt - dann ist er „naturidentisch".

Zimtaldehyd ist sehr reaktionsfähig, vermutlich auch der Grund für seine ausgeprägte Allergenität auf der Haut. Der Aromastoff ist als Fungizid in der Landwirtschaft in Gebrauch, wirkt daneben als Insektizid gegen Mückenlarven und eignet sich als Korrosionsinhibitor für eisenhaltige Legierungen.

Bewertung: *Aromastoffe sind nicht per se „gesund", sondern können ausgeprägte biologische Wirkungen entfalten - sonst würden sich die Pflanzen nicht die Mühe machen, solche Substanzen zu erzeugen.*

Bei Anlegen üblicher Maßstäbe müsste sowohl dieser Aromastoff wie auch die Verwendung von Zimt zum Schutze des Verbrauchers verboten werden. Andererseits ist Zimt ein Gewürz, das seit urdenklichen Zeiten vom Menschen genutzt wird, und tagtäglich in der Küche vieler Völker in erheblich höherer Dosis als in Deutschland genossen wird. Dieses Dilemma besteht bei vielen Aromastoffen.

Ein wenig mehr Gelassenheit ist wohl unabdingbar, um unsere kulinarischen Traditionen bewahren zu können.

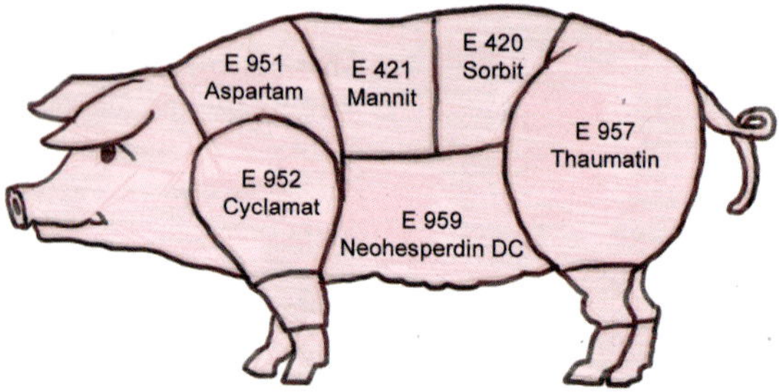

Süßstoffe und Zuckeraustauschstoffe

Entgegen der landläufigen Meinung, man könne durch Süßstoffe dem Übergewicht vorbeugen oder gar abnehmen, sind diese gerade für Übergewichtige problematisch. Der Süßgeschmack löst eine Insulinausschüttung aus (Pawlowscher Reflex). Dadurch sinkt der Blutzuckerspiegel und es stellt sich Hunger ein. Verfüttert man Ratten fettarmen Joghurt, der entweder Zucker oder Süßstoff enthält, sind die Tiere mit zuckerfreiem Diät-Joghurt schon nach wenigen Wochen signifikant fetter.

Der Effekt ließ sich nicht über den Mehrverzehr erklären, sondern lag daran, dass die Versuchstiere zum Energiesparen die Körperinnentemperatur ein wenig absenkten. Mit der eingesparten Energie wurde der Körper durch die Bildung einer dickeren Fettschicht besser gegen Wärmeverluste isoliert. Eine groß angelegte Studie mit 80.000 Amerikanerinnen bestätigte bei Süßstoff-Verwendung im Durchschnitt eine höhere Gewichtszunahme als bei Zuckerverzehr. Aus diesem Grunde sind alle natürlichen und naturidentischen Süßstoffe als Masthilfsmittel für alle Tierarten zur Appetitstimulation über die gesamte Mastperiode zugelassen. Ihr Einsatz lohnt sich, weil damit Futterkosten eingespart werden können.

Da immer mehr ernährungsbewusste Menschen süßstoffhaltige Speisen verzehren, waren Neuzulassungen für Süßstoffe unumgänglich, um zu vermeiden, dass die Höchstmengen der einzelnen Stoffe überschritten werden. Aus diesem Grund ist in absehbarer Zeit mit weiteren Zulassungen zu rechnen.

E 420 Sorbit und Sorbitsirup

Zuckeraustauschstoff. Auch Weichhaltemittel für Süßwaren und Feuchthaltemittel für Gebäck und Marzipan. Ab etwa 50 Gramm pro Tag kann Durchfall auftreten. Der natürliche Sorbitgehalt von Äpfeln ist gleichermaßen die Ursache für die Verdauungsbeschwerden, unter denen manche Menschen nach Konsum von Apfelsaft leiden.

Bewertung: *Abführmittel, das vor allem von Kindern nicht vertragen wird. Da Sorbit in Kernobst (Apfelsaft) von Natur aus enthalten ist, können schnell problematische Grenzen erreicht werden. Deshalb gehört Sorbit nicht in typische Kinderprodukte wie Süßwaren, Gebäck oder Marzipan.*

E 421 Mannit

Zuckeraustauschstoff. Kommt in zahlreichen Pflanzen vor, Hauptbestandteil von Manna, dem süßen Saft der süditalienischen Manna-Esche (*Fraxinus ornus*). Großtechnisch durch Hydrierung von Fructose (siehe S. 165) gewonnen. Zugelassen für kalorienreduzierte Lebensmittel, in denen Sorbit aufgrund seiner hygroskopischen („wasseranziehenden") Eigenschaften technisch nicht geeignet ist. In Kaugummis als Trennmittel und Füllstoff. Verursacht Blähungen und Durchfall. Neben seiner Verwendung als Zusatzstoff für Lebensmittel auch Abführmittel, Füllstoff, Schmiermittel und Rohstoff zur Produktion synthetischer Harze.

Bewertung: *Einer gelegentlichen Verwendung als Abführmittel stehen keine Bedenken entgegen.*

E 950 Acesulfam K

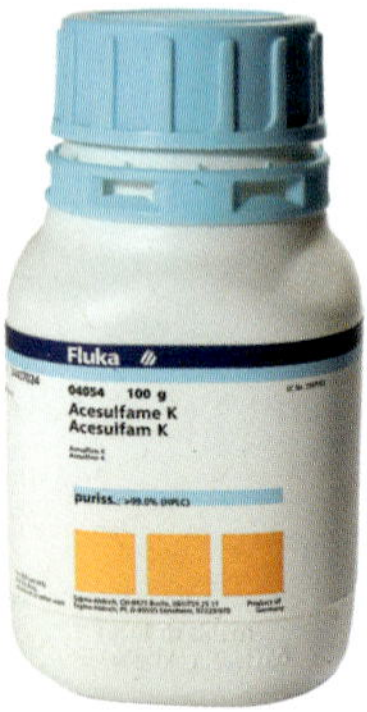

Künstlicher Süßstoff. Etwa 200 mal süßer als Zucker. Aufgrund der hohen Koch-, Lager- und Backstabilität vielfältig einsetzbar.

1991 vom zuständigen Fachausschuss (JECFA) der Weltgesundheitsorganisation für unbedenklich erklärt. Die JECFA berief sich dabei auf unveröffentlichte Dokumente des Herstellers.

Der Stoff ist leicht resorbierbar und wird über die Nieren ausgeschieden. Bewirkte im Tierversuch Schäden an der DNS (clastogen). Wird von der Kläranlage nicht abgebaut und reichert sich in Gewässern an. Hier bekommt der Begriff „Süßwasser" eine völlig neue Bedeutung.

Bewertung: *Da nur wenige unabhängige Untersuchungen publiziert wurden, ist eine Beurteilung derzeit nicht möglich. Wichtiger Umweltschadstoff, bereits im Grundwasser angekommen.*

E 951 Aspartam

Süßstoff aus zwei synthetisch hergestellten Aminosäuren. Wird durch Säuren und Hitze zersetzt. Breite Zulassung für zahlreiche kalorienreduzierte Lebensmittel. Bewirkte im Tierversuch eine schnellere Gewichtszunahme als Zucker. Problematisch für Patienten mit Phenylketonurie, ein seltener, angeborener Enzymdefekt.

Aspartam ähnelt körpereigenen Botenstoffen (Peptidhormonen). Empfindliche Menschen berichteten nach Verzehr über Kopfschmerzen, Benommenheit, Gedächtnisverlust, Sehstörungen und Hyperaktivität. Aspartam wird als Ursache von Fettleber und Diabetes diskutiert. Im Tierversuch löste Aspartam Krebs aus (Gehirn, Lymphdrüsen und Harnleiter). Der Wissenschaftliche Lebensmittelausschuss der EU teilt diese Bedenken jedoch nicht, nicht zuletzt weil auch gegenteilige Forschungsergebnisse vorliegen.

Daneben schützte Aspartam in Tierversuchen vor dem Schimmelgift Ochratoxin A und wirkte bei einigen Arthritispatienten als Schmerzmittel.

Bewertung: *Die toxikologischen und pharmakologischen Wirkungen dieses Süßstoffes sind offenbar recht vielfältig und wesentlich von* *der individuellen Empfindlichkeit abhängig. Bis zur Klärung der zahlreichen offenen Fragen sollte die Zulassung ruhen.*

E 952 Cyclamat

Künstlicher Süßstoff, 1937 entdeckt. Inzwischen werden weltweit jährlich 15.000 Tonnen verbraucht. Cyclamat ist nur etwa 40 mal süßer als Zucker. Wegen der geringen Süßkraft wird er in Kombination mit wirksameren Süßstoffen eingesetzt. Die erlaubte Menge in Lightgetränken wurde inzwischen von 400 Milligramm auf 250 Milligramm pro Liter herabgesetzt, weil die täglich erlaubte Zufuhr bereits mit dem Ersatz von 30 Gramm Zucker überschritten wird. Deshalb ist Cyclamat auch nicht mehr für Süßigkeiten, Kaugummis, Speiseeis und den Atem erfrischende Süßwaren zugelassen. In den USA seit 1969 wegen eines bis heute nicht ausgeräumten Krebsverdachtes verboten.

Wird von der Darmflora zu Cyclohexylamin umgewandelt. Cyclohexylamin wird als Korrosionsinhibitor verwendet und wurde auch als Schädlingsbekämpfungsmittel genutzt. Im Tierversuch schädigt Cyclohexylamin Hoden und Spermien. Umweltschadstoff.

***Bewertung:** Kein akzeptabler Zusatzstoff für Lebensmittel.*

Zuckerrübe (Beta vulgaris)

Wer „natürliche Süße" will, der greift zum Zucker. Er ist das Maß in Sachen Geschmack, Nahrhaftigkeit und Reinheit - und sogar für Vegetarier geeignet.

E 953 Isomalt

Isomalt ist ein künstlicher Zuckeraustauschstoff, der sogar aus Zucker hergestellt wird. Dabei wird Zucker biotechnologisch in Traubenzucker und Fruchtzucker gespalten und danach wieder neu, also „falsch" zusammengesetzt. So entsteht Isomaltulose, die wiederum katalytisch mit E 949 (Wasserstoff) zu Isomalt hydriert wird. Isomalt ist etwa halb so süß wie Zucker und maskiert den unangenehmen Beigeschmack einiger Süßstoffe.

Isomalt wird nicht von den Verdauungsenzymen des Körpers, sondern von der Darmflora abgebaut. Dabei werden halb so viel Kalorien frei wie bei richtigem Zucker. Ab 20 Gramm gibt's Blähungen und Durchfall.

Bewertung: *Das Blähungspotential erschwert den sozialen Umgang.*

Zuckerrohr (Saccharum officinale)

Das Original unter den Zuckerlieferanten in Europa. Wurde erst im 19. Jahrhundert durch die Neuzüchtung zuckerhaltiger Rüben ersetzt.

E 954 Saccharin

Künstlicher Süßstoff, von dem weltweit jährlich etwa 30.000 Tonnen verbraucht werden. 1879 durch Constantin Fahlberg in den USA entdeckt und von ihm ohne Wissen seines Arbeitgebers in Deutschland patentiert. Der heutige Chemie- und Gentechnik-Multi Monsanto wurde 1902 zur Produktion von Saccharin gegründet.

Als Zuckerersatz wurde S. in Europa vor allem in den Weltkriegen populär. E 954 ist etwa 500 mal süßer als Zucker. Zur Maskierung des metallisch-bitteren Nachgeschmacks gewöhnlich mit anderen Süßstoffen oder Aminosäuren wie Leucin und Glycin (E 640) kombiniert. Breite Zulassung für zahlreiche kalorienreduzierte, also wenig nahrhafte Nahrungsmittel.

Saccharin wird rasch vom Darm aufgenommen und durch die Nieren wieder ausgeschieden. Das zugelassene Natriumsalz des Saccharins erzeugt im Tierversuch in höherer Dosierung Blasenkrebs. Experten glauben jedoch, dass dieses Ergebnis nicht auf den Menschen übertragbar ist.

Da Saccharin in Verbindung mit bestimmten Medikamenten bzw. einigen Umweltgiften die Blasenschleimhaut schädigen kann, ist Vorsicht bei Blasenerkrankungen oder bei Arzneimitteleinnahme ratsam. Wird als Ursache des Reizdarms diskutiert. In der Ferkelaufzucht als Appetitstimulans zugelassen.

Chemisch betrachtet ein Sulfonamid, eine Stoffgruppe, die vor allem als Antibiotika Bedeutung erlangt hat. Sehr reaktiver Stoff, was zu einer breiten technischen

Nutzung führte: zur Herstellung von Holzleim und Pflanzenschutzmitteln, als Haar-Blondiermittel und als Kunststoffadditiv (für PET-Flaschen).

Bewertung: *Die Fülle der technischen Anwendungen, vom Antibiotikum bis zum Pestizid, spricht gegen eine Verwendung in Lebensmitteln.*

E 955 Sucralose

Trichlorgalactosaccharose oder „Chlorzucker". Insofern zählt der intensive Süßstoff zur „Chlorchemie". Die Herstellung erfolgt durch Umsetzung von Zucker mit Sulfurylchlorid. Seit 2005 in der EU zugelassen. Sucralose ist ca. 600 mal süßer als Zucker, ist im Lebensmittel sehr stabil und wird vom Menschen größtenteils unverändert ausgeschieden.

Das Bundesinstitut für gesundheitlichen Verbraucherschutz und Veterinärmedizin (BgVV) bemängelte jedoch die unverständlich hohen Höchstmengen der EU und forderte die Zufuhr „auf das notwendige Maß" zu beschränken. Das BgVV verwies dabei auf „grundsätzliche Vorbehalte" und begründete diese unter anderem mit unzutreffenden Angaben der Hersteller. Umweltschadstoff in Gewässern.

Bewertung: *Die Einschätzung des BgVV ist zutreffend. Fragwürdiger Zusatz für sinnlose Produkte, der noch dazu die Umwelt verschmutzt.*

E 957 Thaumatin

Natürlicher Süßstoff. Er wird aus den reifen Früchten des Katemfe-Strauchs (*Thaumatococcus danielli*) gewonnen, der im afrikanischen Regenwald heimisch ist. Je nach Reinheit einige 100mal bis 2.000fach süßer als Zucker. Thaumatin wird wegen seines lakritzartigen Nachgeschmacks vor allem in Mischung mit anderen Süßstoffen verwendet. Da es sich beim Wirkprinzip um Eiweiße handelt, ist er nicht hitzestabil.

Verwendung für Trockenfrüchte, Kaugummis, Süßigkeiten und Eis. Wirkt außerdem als Geschmacks- und Aromaverstärker. Gilt als unbedenklich. Das Thaumatin-Gen des Katemfe-Strauchs wurde inzwischen geklont und in Mikroorganismen eingeschleust. Einer preiswerten gentechnischen Produktion ist damit der Weg geebnet.

Bewertung: *Eine übergewichtsfördernde Wirkung ist auch natürlichen Süßstoffen zu eigen.*

958 Glycyrrhizin

Im juristischen Sinne kein Süßstoff, da Glycyrrhizin Bestandteil der Süßholzwurzel ist, die seit Jahrtausenden als Arzneimittel verwendet wird. Süßholz gilt als schleimlösend, krampflösend und entzündungshemmend (v. a. bei Magen- und Zwölffingerdarmgeschwüren). Neuerdings wird ihm auch eine antivirale Wirkung zugeschrieben.

Glycyrrhizin ist 50 bis 100 mal süßer als Zucker und traditioneller Bestandteil von Lakritzprodukten und Anisettes, Ouzo oder Raki. Heute wird es gern in unterschwelliger Dosierung als Geschmacksverstärker eingesetzt. Eine Zulassung als Zusatzstoff ist nach europäischem Recht nicht erforderlich.

Dank seiner ausgeprägten pharmakologischen Effekte sind Nebenwirkungen häufig: Kopfschmerzen, Schwindel, hoher Blutdruck und Wassereinlagerungen (Ödeme), aber auch Herzrhythmusstörungen und Muskelschwäche. Die Lakritzvergiftung (Pseudohyperaldosteronismus) löst ähnliche Effekte aus wie eine krankhafte Überproduktion des Hormons Aldosteron. Glycyrrhizin blockiert außerdem die Umwandlung von körpereigenem Cortisol in Cortison.

Süßholz (Glycyrrhiza glabra)

Die Wurzel der krautigen Pflanze wird getrocknet und gemahlen. Der Süßstoff wird mit Wasser extrahiert, mit Säure gefällt und mit Ammoniak neutralisiert.

Nach Angaben des Bundesinstitutes für gesundheitlichen Verbraucherschutz und Veterinärmedizin (BgVV) können „Lakritzerzeugnisse, die mehr als 200 mg Glycyrrhizin pro 100 g enthalten, nach regelmäßigem Verzehr von mehr als 50 g pro Tag bei bestimmten Personen Nebenwirkungen auslösen. ... Das betrifft vor allem Verbraucher, die an Bluthochdruck, Herz-Kreislauf-Erkrankungen und Diabetes leiden, sowie Schwangere." Aus diesem Grund muss Lakritz mit mehr als 200 mg Glycyrrhizin pro 100 g als „Starklakritz" deklariert werden. Betroffenen wird in diesem Fall zur Zurückhaltung geraten.

Bewertung: *Natürlicher Bestandteil des Süßholzes, der ausgeprägte pharmakologische Wirkungen ent-*

falten kann. Insofern ist eine Ausweitung des Einsatzes außerhalb traditioneller Lakritz-Produkte als Süßstoff nicht erwünscht.

E 959 Neohesperidin DC

1963 entdeckt und 1994 in Europa zugelassen. Seine Süßkraft schwankt je nach Dosis und Produkt zwischen dem 300- und 2.000-fachen von Zucker. Menthol-lakritzartiger Nachgeschmack.

Den Ausgangsstoff zur chemischen Synthese liefern Zitrusfrüchte. Entweder nimmt man unreife Bitterorangen oder den Bitterstoff Naringin, der bei der Herstellung von Orangensaftkonzentraten mit Kunstharz entfernt wird.

Da E 959 vorzugsweise von der Darmflora verstoffwechselt wird, und sich diese von Mensch zu Mensch stark unterscheidet, sind Rattenversuche, die diesem Stoff Harmlosigkeit bescheinigen, nur von begrenztem Wert.

Zur Aufhellung dunkler Haut und zur Entfernung von Sommersprossen vorgeschlagen. Wichtige Masthilfe in der Tierernährung.

Bewertung: *Von der EU zu Recht zum Mästen („for fattening") von Schweinen empfohlen.*

E 960 Steviosid

Der bekannteste Wirkstoff in der Steviapflanze heißt Steviosid. Er ist 100 bis 300 mal süßer als Zucker. Die Blätter enthalten noch Dutzende weitere süß schmeckende Substanzen. Da der Süßgeschmack jedoch stark zu wünschen übrig ließ, wurde die Pflanze umgezüchtet, um ein sensorisch besseres Profil zu erzeugen.

Da dies für viele Verwendungszwecke aber nicht genügt, gelang es offenbar, im Rahmen der aufwendigen Extraktion durch eine geschickte Nachbehandlung daraus neue, d. h. künstliche Süßstoffe zu generieren, die so in der Pflanze gar nicht vorhanden waren. Daneben besteht die Möglichkeit einer Sprosskultur im Labor. Dabei werden die Zellkulturen mit Zucker (!) gefüttert. Auch stehen offenbar gentechnische Verfahren zur Verfügung.

Nach Angaben von Experten haben „die heutigen angebotenen Steviolglykoside nicht mehr unbedingt viel mit der ursprünglichen Wild- und Kulturpflanze *Stevia rebaudiana* zu tun, wie sie noch Ende der 90iger Jahre verbreitet war". Viele der vorliegenden toxikologischen Studien sind wertlos, da sie sich auf Extrakte mit nicht näher definierten Inhaltsstoffen beziehen.

Sprosskultur

ist eine neue Züchtungsmethode. Aus einer sterilen Gewebekultur werden mittels Hormonen Pflänzchen im Labor erzeugt. Dabei kann man die Bildung erwünschter Substanzen steuern und wesentlich höhere Ausbeuten erzielen.

Studien am Menschen wecken Skepsis: Bei einem Teil der Versuchspersonen sank der Blutdruck, einige Probanden klagten über Benommenheit, Schwäche und Übelkeit. Während viele Experten nicht müde werden, die Unbedenklichkeit zu betonen, prüfen sie derzeit eine Nutzung der Inhaltsstoffe von Stevia als Arzneimittel.

Verwendung zur Herstellung von Spezialbeton für Bohrlöcher in der Tiefsee, als Hautbräunungsmittel (durch Verzehr!) und Mastmittel für Geflügel.

Bewertung: *Da erhebliche Unklarheit besteht, was sich wirklich hinter dem Namen Stevia alles an Stoffen tummelt, ist eine Bewertung nicht möglich. Die ursprünglich in der Pflanze enthaltenen „Süßstoffe" sind aufgrund ihres schlechten Geschmacks wertlos.*

E 961 Neotam

Neotam ist der Nachfolger des umstrittenen Süßstoffs Aspartam (E 951). Es wird aus Aspartam durch Reaktion mit 3,3-Dimethylbutyraldehyd hergestellt. Das Reaktionsprodukt ist 30 bis 50 mal süßer. Damit kann dieser Süßstoff in wesentlich geringerer Dosis als sein Vorgänger eingesetzt werden. Offenbar hofft man, damit die diffusen Nebenwirkungen von Aspartam vermeiden zu können.

Der Hersteller hat den Zulassungsbehörden umfangreiche Studien zur Verfügung gestellt, die jedoch nicht veröffentlicht wurden. Den Ausführungen der Europäischen Lebensmittelbehörde EFSA ist zu entnehmen, dass bei hohen Dosierungen (600 mg/kg Körpergewicht) bei Hunden Veränderungen von Leberenzymen beobachtet wurden. Deshalb hat die EFSA als Höchstmenge 1 mg/kg Lebensmittel vorgeschlagen. Der Süßstoff wirkt zugleich auch als Geschmacksverstärker und hilft so Aromen zu sparen.

Bewertung: *Da unabhängige Untersuchungen fehlen, ist eine abschließende Beurteilung nicht möglich.*

E 962 Aspartam-Acesulfam-Salz

Reaktionsprodukt (nicht Mischung) aus 3 Teilen Aspartam (E 951) und 2 Teilen Acesulfam (E 950). E 962 wurde Anfang 2005 europaweit zugelassen. Breites Einsatzspektrum von Lightlimonaden über Knabbereien bis hin zu Fischkonserven.

Durch die Kombination ergänzen sich die schnell einsetzende Süße von Acesulfam mit dem verzögerten aber länger vorhaltenden Süßgeschmack von Aspartam optimal. E 962 ist lagerstabiler und schmeckt süßer als die reine Mischung aus beiden Stoffen.

Bewertung: *Auch nicht besser als die Ausgangsstoffe. Siehe dort.*

E 964 Polyglycitolsirup

Chemisch betrachtet ein hydriertes Stärkehydrolysat - also eine Art Glucosesirup, hergestellt durch enzymatische Spaltung von Stärke, die anschließend mittels Wasserstoff und eines Katalysators in eine bunte Mixtur süßer Zuckeralkohole umgewandelt wird. Der entstandene Sirup wird mit Ionenaustauschern entsalzt und dann aufkonzentriert. Enthält Sorbit (E 420) und reichlich Maltit (E 965).

Zulassung vor allem für Süßwaren aller Art wie Schokolade, Konfitüren, Frühstücksknusperflocken, Desserts und Feinbackwaren.

Bewertung: *Beim Kauf von Zuckeraustauschstoffen zahlt man für Produkte, die nicht sättigen, dafür aber den Darm blähen. Da sie im Körper nicht wie Zucker wirken, können sie ihn auch nicht ersetzen.*

E 965 Maltit und Maltitsirup

Füllstoff und Zuckeraustauschstoff, verhält sich technologisch ähnlich wie Zucker, ist jedoch hitzestabil. Da E 965 im Gegensatz zu Zucker nicht von den lebensmittelüblichen Mikroorganismen verwertet werden kann, erhöht es die Haltbarkeit.

Hergestellt durch katalytische Hydrierung von Maltose mit E 949 (Wasserstoff). Maltit und Maltitsirup schmecken beinahe genauso süß wie Zucker, wirkt jedoch weniger abführend als Sorbit.

Katalytische Hydrierung

Durch katalytische Hydrierung werden nicht nur die Zuckeralkohole E 964 bis E 968 hergestellt, sondern auch seit fast einem Jahrhundert die Margarine.

Hydrieren bedeutet, dass Wasserstoff (siehe Seite 152) an (chemisch) ungesättigte Bindungen mit Hilfe eines Katalysators angelagert wird, damit neuartige („gesättigte") Verbindungen entstehen. Auf diese Weise lassen sich flüssige Pflanzenöle verfestigen.

Raney-Nickel in Stickstoffatmosphäre

Der Katalysator wird danach im Rahmen einer Raffination wieder aus dem Produkt entfernt. Einer der bedeutendsten Katalysatoren der Lebensmittelindustrie ist Raney-Nickel, ein poröses Pulver aus Nickel und Aluminium. Es wurde nach seinem Erfinder Murray Raney benannt.

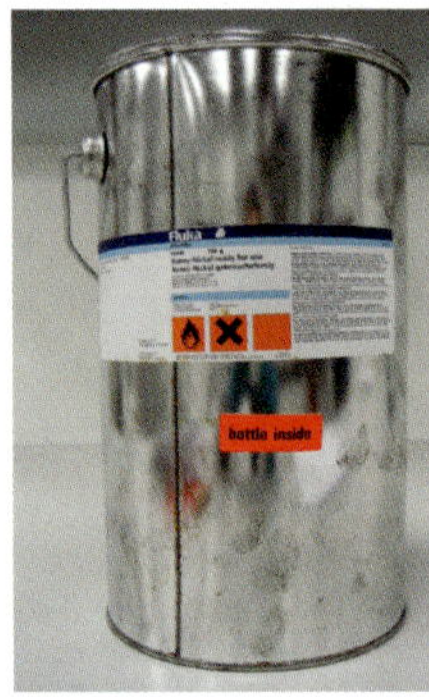

Dose mit Raney-Nickel

In Gegenwart von Sauerstoff entzündet sich das pulverförmige Material.

E 966 Lactit

Künstlicher Zuckeraustauschstoff und Bulking Agent (Füllstoff). Senkt den Gefrierpunkt - wichtig für Eiscreme mit „Soße". Bindet Wasser. Hergestellt durch katalytische Hydrierung von Milchzucker (siehe Seite 163). Lactit ist nur knapp halb so süß wie Zucker, weshalb er gern in Kombination mit Süßstoffen eingesetzt wird.

E 967 Xylit

Zuckeralkohol, der aus xylanhaltigen Pflanzenresten (Nussschalen, Stroh) durch katalytische Hydrierung mit Wasserstoff hergestellt wird. Er ist etwa so süß wie Zucker und wirkt kühlend auf der Zunge (Eisbonbons). Ein Teil wird vom Dünndarm resorbiert, der verbleibende Rest im Dickdarm vergoren. Intravenös verabreichter Xylit wird von der Leber abgebaut. Daneben Feuchthaltemittel für Zahnpasten und Kalorienlieferant in Infusionslösungen. Wirkt leicht abführend, Verdacht auf Förderung von Nierensteinen.

Bewertung: *Unter den Zuckeraustauschstoffen der verträglichste Kandidat.*

E 968 Erythrit

Die Süßkraft dieses Zuckeralkohols erreicht etwa 70 Prozent von Zucker. Kommt in geringen Mengen in Algen, Pilzen, Flechten und Käse vor. (Bitte nicht mit dem gleichnamigen arsenhaltigen Mineral verwechseln). Gewonnen durch Fermentation von Stärkehydrolysaten mittels Hefen wie z. B. *Trichosporonoides megachilensis*.

Seine Zulassung verdankt er vor allem seinen technologischen Eigenschaften, die in einer Vielzahl von Produkten vorteilhaft sind, angefangen von Süßwaren und Fertigsuppen, über Likör und Milchprodukten bis hin zu Kopffüßern (wie z. B. Tintenfische).

E 968 ist koch- und backfest. Das Multifunktionswerkzeug der Lebensmitteltechnologen wirkt als Geschmacksverstärker, Stabilisator, Feuchthaltemittel, Verdickungsmittel, Füllstoff, Komplexbildner und Trägerstoff. Dank seiner starken osmotischen Wirkung lassen sich damit sogar Trockengemüse, Trockenobst und Trockenfleisch herstellen.

Erythrit wird im Dünndarm zu etwa 90 Prozent resorbiert und über die Nieren wieder ausgeschieden. Dadurch gelangt die Substanz nicht in den Dickdarm, wodurch Blähungen und Durchfälle vermieden werden.

Bewertung: *Verursacht weniger Darmprobleme als die meisten anderen Zuckeraustauschstoffe.*

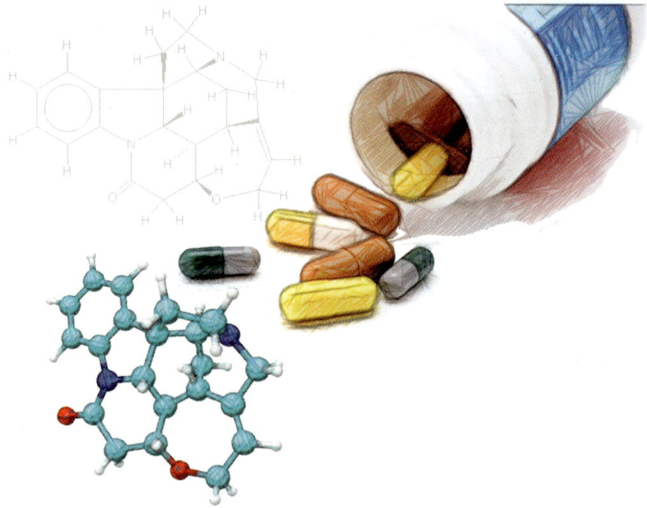

Vitamine

Vitamine sollen bereits in Spuren wirksam sein. Deshalb kann nicht nur ein Mangel nachteilig sein, auch eine übertriebene Zufuhr birgt erhebliche Risiken. Die landläufige Auffassung, dass wasserlösliche Vitamine harmlos seien, weil sie wieder ausgeschieden werden, trifft so nicht zu. Die Löslichkeit eines Stoffes in Wasser sagt nichts über seine Schädlichkeit aus. Viele Gifte sind wasserlöslich, sonst gäbe es auch kein Fischsterben. Aufgrund der inzwischen beobachteten Nebenwirkungen von Megadosen sollten Vitaminpräparate wenn überhaupt, dann nur unter ärztlicher Aufsicht eingenommen werden.

Die aggressiv vermarkteten Vitamine A, sowie sein Provitamin Beta-Carotin (E 160 a), Vitamin C (E 300-304) und Vitamin E (E 306-309) sind wichtige Zusatzstoffe, die entweder zur Färbung (Beta-Carotin und Vitamin B_2), zur Verlängerung der Haltbarkeit (Vitamin C und E) oder zur Verbesserung der Maschinenfreundlichkeit (Vitamin C) dienen. Sie werden nicht nur Mehl, Wurst, Speiseölen, Bonbons oder Desserts zugesetzt, sondern im großen Stil auch Fertigprodukten und Fast Food, so dass eine „einseitige Ernährung" keinen Mangel begründet. Eine Ausnahme stellt lediglich Vitamin B_{12} dar; hier ist eine Unterversorgung möglich und in der Schwangerschaft auch riskant.

Überdosen an Vitaminen können massive Nebenwirkungen haben. Seit Jahrzehnten ist bekannt, dass die Einnahme von Beta-Carotin bei Rauchern die Lebenserwartung verkürzt, es begünstigt Lungenkrebs und Herzinfarkt. Eine aktuelle Studie, in der dänische Forscher die Ergebnisse von 68 Vitaminstudien mit über 230.000 Teilnehmern ausgewertet haben, brachte ein weiteres alarmierendes Ergebnis: Vitamin A- und Vitamin E-Zusätze in Pillenform erhöhen nicht nur bei Rauchern die Sterblichkeit.

Eine weitere Studie mit über 300.000 Teilnehmern ergab, dass Männer, die regelmäßig in hoher Dosis Multivitaminpräparate – insbesondere in Verbindung mit Selen - einnehmen, häufiger an Prostatakrebs erkranken. Auch wenn diese Präparate gern nach dem Motto eingenommen werden „viel hilft viel", gilt hier in Wirklichkeit „die Dosis macht das Gift".

Niacin

Definitionsgemäß kein Vitamin, da der Körper das Pseudovitamin selbst herstellen kann. Wird Niacin in überhöhter Dosis zugeführt, kommt es zur Vergiftung. Dies geschah wiederholt durch Wurstwaren, die illegal mit Niacin rotgefärbt wurden. Die Folgen waren Gelbsucht, schwere Leberschäden und Hautausschläge mit brennenden Rötungen. Ratten wurden durch Niacin-Supplemente dümmer, Kopfläuse gedeihen damit besser.

Bewertung: *Niacin kann in erhöhter Dosis Schaden anrichten. Einnahme als Medikament nur auf ärztlichen Rat.*

Provitamin A (ß-Carotin)

Zwei großangelegte Interventionsstudien mit zigtausenden von Teilnehmern ergaben, dass die Einnahme von ß-Carotin - unter ärztlicher Aufsicht - bei Rauchern die Lebenserwartung verkürzte und mehr Lungenkrebsfälle und Herzinfarkte zur Folge hatte als bei Rauchern, die auf die Einnahme dieses Provitamins verzichteten. Bei Konsum alkoholischer Getränke fördert die zusätzliche Einnahme von Beta-Carotin Leberschäden.

Nach bisheriger Kenntnis stellen weder die natürlichen Gehalte in Lebensmitteln (z. B. Karotten) noch der Einsatz als Zusatzstoff zur Färbung (wie Bonbons) aufgrund der geringen Mengen ein Risiko dar. Allerdings sind gefärbte Lebensmittel nicht die einzige ß-Carotin-Quelle. Der Stoff findet sich beispielsweise auch als Zusatz in Multivitaminsäften und -tabletten.

Bewertung: *Gegen einen Einsatz als Zusatzstoff gibt es bisher keine ernsthaften Bedenken. Anders sieht es bei einem Konsum von ß-Carotin-Präparaten zur Gesundheitsförderung aus. Hier sollten sich vorsorglich nicht nur Raucher einer vornehmen Zurückhaltung befleißigen.*

Vitamin B_1

Eine überhöhte Aufnahme kann Nervosität, Schlaflosigkeit und Kopfschmerzen zur Folge haben. In seltenen Fällen traten bei Megadosen Lungenödeme, Bradykardie (verzögerter Herzschlag), Magen-Darm-Blutungen, Übelkeit, Erbrechen und Mundgeruch auf. Bei der früher als Vitamin B_1-Mangel bezeichneten Krankheit Beriberi handelte es sich um eine Vergiftung mit Citreoviridin, einem typischen Schimmelgift auf verdorbenem Reis. Thiamin (Vitamin B_1) unterstützt die Leber beim Entgiften dieser Stoffe.

Vitamin B_2

Gilt in hoher Dosierung in Europa als unbedenklich. Sollte nicht bei Reisen in Malariagebiete eingenom-

Anophelesmücke
Viele gefährliche Parasiten lieben eine Extraportion Vitamine. Hier der Überträger der Malaria.

men werden, da es Malariainfektionen begünstigt. Vitamin-B_2-Gaben stehen im Verdacht, die prophylaktische Einnahme von Malariamitteln wirkungslos zu machen.

Vitamin B_6

Bei Megadosen traten beim Menschen Bewegungsstörungen, Taubheitsgefühl in den Gliedmaßen und psychische Beschwerden auf. Daneben liegen Beobachtungen vor, denen zufolge der Verzehr von hoch dosierten Vitamin-B_6-Präparaten durch Schwangere conterganähnliche Missbildungen bei ihren Babys verursacht haben soll.

Bewertung: *Finger weg von Megadosen! Einnahme nur unter ärztlicher Begleitung.*

Vitamin B_{12}

Ein echtes Vitamin. Dem Körper genügen minimale Mengen, zur Sicherheit legt er sich Speicher für magere Zeiten an. Bei Überkonsum kaum Nebenwirkungen bekannt.

Ein Mangel ist bei bestimmten Erkrankungen des Magens und bei Veganern (völliger Verzicht auf tierische Lebensmittel) möglich und kann vor allem bei Kleinkindern gravierende Folgen haben. Normalerweise wird der Körper des Neugeborenen seitens der Mutter mit einer B_{12}-Reserve ausgestattet. Bei Kindern von strikten Veganerinnen kommt es jedoch immer wieder zu schweren Mangelerscheinungen

Schon bei gelegentlichem Konsum tierischer Lebensmittel wird ausreichend Vitamin B_{12} aufgenommen. Im Alter schwindet die Fähigkeit B_{12} über den Verdauungstrakt aufzunehmen. Dann ist auch die Einnahme von B_{12}-Präparaten zwecklos; ein evtl. Mangel kann hier nur durch eine Injektion behoben werden.

Vitamin C

Massive Dosen - ab einem Gramm pro Tag - lösen Durchfälle aus, fördern Nierensteine, verfälschen die Labordiagnostik bei der Bestimmung von Blutzucker, Harnsäure und Leberenzymen. Sie verändern außerdem den Hormonhaushalt (Östrogen und Schilddrüsenhormone). Nach bisheriger Kenntnis stellen jedoch weder die natürlichen Gehalte in Lebensmitteln noch der Einsatz als Zusatzstoff aufgrund der geringen Mengen ein Risiko dar.

Bewertung: *Vitamin C schützt weder vor Krebs noch vor Schnupfen. In Megadosen bedenklich.*

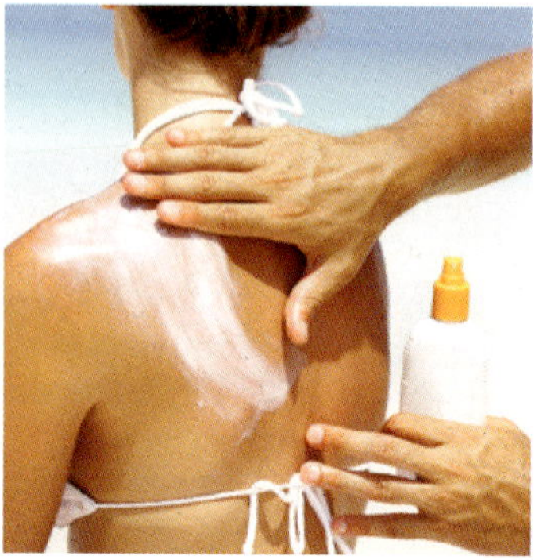

Vitaminmangel durch Cremes?
Zu wenig direktes Tageslicht verursacht Vitamin D-Mangel. Cremes und Lotionen aller Art tragen dank ihrer Lichtschutzfaktoren ebenfalls dazu bei.

Vitamin D

Der Name Vitamin D ist eine irreführende Bezeichnung. Es handelt sich um ein Hormon, das vom Körper selbst hergestellt wird. Zu seiner Bildung benötigt er allerdings die UV-Strahlung des Sonnenlichts. Die Zufuhr über die Nahrung spielt in unseren Breiten keine große Rolle. Anders am Polarkreis. Der Mangel an Sonne und die dichte Bekleidung verhindern eine nennenswerte Vitamin D-Bildung - doch dank des traditionellen Speisezettels der Inuit wird der Bedarf durch den Verzehr der Innereien von Fischen und Meeressäugern gedeckt. Dort - und nur dort ist der Stoff ein Vitamin, weil er über die Nahrung zugeführt werden muss. Eine Überdosis an „Vitamin D" ist riskant. Deshalb wurde das Hormon in der Vergangenheit sogar als Rattengift verwendet.

Bewertung: *Niedrige Spiegel an „Vitamin D" sind meist ein Hinweis auf einen Mangel an Tageslicht. Dazu trägt auch die Unsitte bei, Hautcremes und andere Körperpflegemittel mit UV-Filtersubstanzen auszustatten.*

Vitamin E

Als Zusatzstoff harmlos. Bei Megadosen wurden Müdigkeit, Muskelschwäche, Leberfunktionsstörungen sowie ein Abfall der Schilddrüsenhormone bekannt. Sie fördern außerdem Thrombosen und Fruchtbarkeitsstörungen und begünstigten Schlaganfälle.

Eine Metaanalyse, bei der alle bisher verfügbaren und verwertbaren Studien erfasst wurden, legt den Verdacht nahe, dass Vitamin-E-Pillen das Leben verkürzen können. Sie beugen weder Krebs, Alzheimer oder Diabetes vor. Da nicht lebenswichtig, definitionsgemäß kein Vitamin für den Menschen.

Bewertung: *Als Antioxidans in Lebensmitteln eine harmlose und nützliche Substanz, da oxidierte Fette gesundheitlich problematisch sind. Als Vitaminpille fragwürdig. Auch hier gilt die Regel: Die Dosis macht das Gift – und die Empfindlichkeit des Individuums.*

Folsäure

Da in unserer Nahrung reichlich Folsäure enthalten ist – durch Analysenfehler wurden die Gehalte lange unterschätzt – ist eine Anreicherung von Lebensmitteln nicht sinnvoll. Zudem mehren sich Studienergebnisse, die auf eine Erhöhung des Krebsrisikos (Brust, Prostata) hinweisen. Folsäure begünstigt das Wachstum von Parasiten wie Fadenwürmern oder Malaria-Plasmodien. In der Medizin werden Antifolate, also Stoffe, die die Wirkung der Folsäure blockieren, seit langem zur Krebstherapie sowie zur Behandlung bestimmter Infekte eingesetzt.

Seit einigen Jahren wird das B-Vitamin besonders Schwangeren zur Prophylaxe von Neuralrohrdefekten (offenes Rückgrat) empfohlen. Auch wenn die Wirksamkeit umstritten ist, so ist bei Vorliegen eines familiären Risikos eine Einnahme derzeit vertretbar.

Bewertung: *Eine Einnahme aus freien Stücken ist nach derzeitigem Sachstand ein vermeidbares Risiko.*

E 1452 Stärkealuminium-octenylsuccinat (SAOS)

Auch Vitaminpillen benötigen Zusatzstoffe, damit die Vitamine chemisch stabil bleiben. Dazu gehören neben „harten" Antioxidantien wie BHA (E 320) oder Gallaten (E 310-312) als Radikalfänger auch spezielle Substanzen wie E 1452. SAOS wirkt wasserabstoßend und verhindert das Zusammenkleben mikroverkapselter Nahrungsergänzungsmittel. Laut Wissenschaftlichem Lebensmittelausschuss der EU spielt das Fehlen toxikologischer Daten keine Rolle, da die Zufuhr entsprechend gering sei.

Bewertung: *Wohl die harmloseste Komponente im Vitamincocktail.*

Zusätze zur Nahrungsergänzung

Das Bemühen den Körper durch allerlei Zusätze neu zu erfinden oder ihm die schwindende Jugend zurückzugeben, ist uralt. Früher suchte man nach dem Stein der Weisen, der alle Krankheiten heilt, verkaufte Wunderelixiere aus Eselsmist und Fledermausflügeln oder erzählte Geschichten von einer Altweibermühle hinter den sieben Bergen, nach deren Besuch die Kundschaft genau so aussehen würde, wie heute die Darstellerinnen in Werbespots für Weichspüler.

Die Nahrungsergänzungsmittel, die auf dem Jahrmarkt der Eitelkeiten gute Umsätze erzielen, werden wohl sukzessive auch Lebensmitteln zugesetzt werden. Längst beschränkt sich der Markt nicht mehr nur auf Vitamine, Süßstoffe und Jod, immer dubiosere Stoffe gelangen mit pseudologischen Werbemärchen in die Mägen der Käufer. Gewöhnliche Zusatzstoffe sind in aller Regel besser auf ihre Risiken überprüft als manch ein Nahrungsergänzungsmittel.

E 462 Ethylcellulose

Tablettierhilfe für Nahrungsergänzung sowie Trägerstoff für Aromen. Verhindert als Überzug die Freisetzung magenschädlicher Wirkstoffe. Herstellung entweder aus Baumwolle, die nach einer Behandlung mit Alkalien ethyliert wird, oder durch Behandlung von alkalisch vorgequollenem Zellstoff mit Ethylchlorid.

Die zahlreichen unerfreulichen Reagenzien und Reaktionsnebenprodukte wie Chlorhydrine müssen sorgfältig ausgewaschen werden, bis man ein geruchloses Pulver von schleimigem Geschmack erhält.

E 468 Vernetzte Natriumcarboxymethylcellulose

Stuhlerweicher. Ballaststoff, der mit Wasser quillt, ohne dabei schmierig oder klebrig zu werden. Verwendung als Sprengmittel für Süßstofftabletten und Nahrungsergänzungsmittel. Herstellung durch alkalisches Quellen von Cellulose, anschließendes Carboxylieren mit Chloressigsäure, gefolgt von einer sauren Dehydrierung, bis partielle Vernetzung eintritt.

Bewertung: *Dieses Darmpflegemittel ist vermutlich für'n Allerwertesten.*

E 948 Sauerstoff

Sauerstoffwasser findet erstaunlich viele Abnehmer. Doch der Mensch nimmt Sauerstoff nur mit seiner Lunge auf. Er ist nicht in der Lage mit seinem Magen oder Darm zu atmen. Sauerstoffwasser ist ein Produkt, das sich sichtlich an Fische wendet und solche die sich dafür halten. Nur wer Kiemen sein Eigen nennt, kann den Sauerstoff aus dem Wasser auch verwerten.

Bewertung: *Sauerstoffwasser ist eine Art Intelligenztest. Fische würden ihn bestehen.*

E 1201 Polyvinylpyrrolidon

Weißes Pulver, Trägerstoff für Nahrungsergänzungsmittel, Vitamine und Süßstoffe in Tabletten. Ansonsten wichtiger Zusatz für Haarpflegemittel und Haushaltsreiniger. Gilt als unverdaulich, da Kunststoff. (Siehe auch E 1202, Seite179)

Calcium

Das Mineral wird vor allem Frauen empfohlen, um der Abnahme der Knochendichte im Alter entgegenzuwirken. Das soll der Osteoporose vorbeugen. Häufig wird Calciumcarbonat eingenommen, das auch als E 170 zur Färbung von Lebensmitteln

Nierenstein

aus Calciumoxalat. Oxalsäure ist reichlich in Rhabarber enthalten, entsteht im Körper aber auch aus Vitamin C.

zugelassen ist. Inzwischen hat sich gezeigt, dass sich das Calcium aus den Präparaten offensichtlich nicht seiner werblichen Pflichten bewusst ist: Statt die Knochen zu festigen, lagert es sich in den Arterien ab. Dadurch kommt es zur Verkalkung und in der Folge zu einer deutlichen Zunahme von Herzinfarkten. Das Resultat ist eine Verkürzung der Lebenserwartung.

In Verbindung mit Vitamin D fördert Calcium die Bildung von Nierensteinen. Dies ist auch bei einer calciumreichen Ernährung und dem regelmäßigen Verzehr von oxalatreichen Gemüsesorten wie Mangold oder Rhabarber zu erwarten.

Bewertung: *Als Nahrungsergänzungsmittel sind Calciumpräparate aufgrund ihrer Folgen auf das Herz-Kreislauf-System und die Nieren fragwürdig. Dies gilt auch für eine Extraportion in Säften und anderen Lebensmitteln.*

Carnitin

Sein ursprünglicher Name „Mehlwurmfaktor" weist auf die eigentliche Bestimmung des Stoffes hin: Er ist unentbehrlich zur Zucht von Mehlwürmern und Fruchtfliegen. In geringer Menge natürlicher Bestandteil tierischer Lebensmittel. Leber und Nieren stellen ausreichende Mengen her.

Carnitin verbessert entgegen dem Werbeversprechen beim Gesunden weder die „Fettverbrennung", noch sorgt es für Schlankheit oder Sportlichkeit. Auch bei Zufuhr hoher Dosen wird kein Fett abgebaut. Im Gegenteil: Bei Mastvieh stimuliert Carnitin die Fresslust und führt zur Gewichtszunahme.

Bewertung: *Eignet sich, um Parasiten wie Filzläuse bei der Stange zu halten.*

Doping für Motten

Carnitin bringt in der Insektenmast erhebliche Vorteile. Sollte sich die Idee einer Insektenkost durchsetzen, wird das „Tierarzneimittel" Carnitin wegen „Missbrauch als Wachstumsförderer" wohl bald in der Kritik stehen.

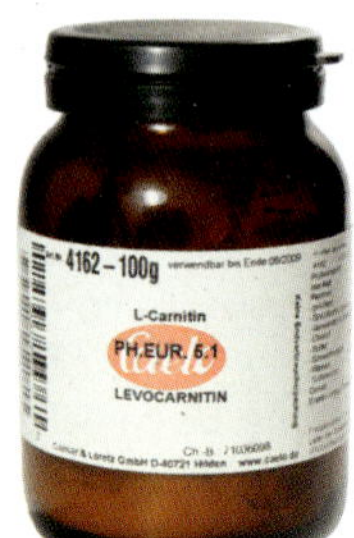

Chitosan

Wird gewöhnlich aus Krabbenschalen durch Deacetylierung des Chitins mittels Natronlauge gewonnen. Es hilft damit in erster Linie, ein Abfall- und Umweltproblem der shrimpsverarbeitenden Industrie zu lösen. Chitosan eignet sich beispielsweise zum Klären von Getränken, ist aber bisher als Zusatzstoff nicht zugelassen. In der Landwirtschaft dient es als Pflanzenstärkungsmittel, in der Medizin hilft es Blutungen zu stillen und in der Chemie wird gerade seine Eignung zur Herstellung von Kunststoffen geprüft. Erhebliche Mengen Chitosan werden als „Fettbinder" an Abnehmwillige verkauft. Das Zeug ist in dieser Hinsicht wirkungslos.

Bewertung: *Als technischer Hilfsstoff für Lebensmittel interessant, als Nahrungsergänzung nur peinlich.*

Fluoride

F. hemmen Bakterien, Hefen und Schimmelpilze. Sie wurden früher in Deutschland zur Konservierung von Wein, Bier, Fruchtsaft und Milchprodukten verwendet. Aufgrund ihrer hohen Toxizität wurden sie weltweit verboten. Ein Lehrbuch über Zusatzstoffe von 1958 vermeldet: „Fluorverbindungen sind sehr stark toxisch; starke Zellgifte und Fermentgifte. Als unterste Grenze der Schädlichkeit ... werden beim Menschen etwa 5mg/Tag angenommen."

Doch das ist längst vergessen, inzwischen erleben sie als Gesundheits-Zusatz zum Kochsalz ihre Wiederauferstehung - diesmal als Schutzheilige der Zähne. In der Zahnpasta werden sie von kleineren Kindern häufig geschluckt.

Bewertung: *Stoff, der nichts von seiner toxikologischen Brisanz verloren hat.*

Himalayasalz

Im Himalayagebirge wird nirgendwo Salz (NaCl) abgebaut. Der nächste Salzstock befindet sich in Pakistan. Im dortigen Salt Range lasten allerdings keine Achttausender auf ihm, im Gegenteil, es handelt sich um eine Hügelkette, die geologisch nichts mit dem Himalaya zu tun hat.

In aller Regel handelt es sich um nicht raffiniertes, also nicht gereinigtes Salz, das sich von den Produkten heimischer Salzbergwerke bestenfalls durch seinen viel höheren Preis unterscheidet. Schlimmstenfalls enthält es geologisch bedingte Verunreinigungen aller Art.

Bewertung: *Narren-NaCl.*

Kreatin

Kreatin ist von Natur aus im Muskelfleisch mit bis zu fünf Gramm pro Kilo vertreten. Über die Nahrung nehmen wir im Schnitt etwa ein Gramm am Tag auf, die restlichen ein bis zwei Gramm, die unser Körper darüber hinaus benötigt, produziert er selbst.

Kreatin soll die sportliche Leistung verbessern. Allenfalls bei kurzfristiger Belastung vermag Kreatin einen kleinen Vorteil zu bieten. Beim Ausdauersport bringt das Supplement nichts. Eine erhöhte Zufuhr führt zu vermehrter Wassereinlagerung. Zudem mangelt es manchmal an zuverlässigen Qualitätskontrollen: Verunreinigungen wie Dicyandiamid oder Dihydrotriazin werden immer wieder in Kreatinsupplementen gefunden, die über das Internet vertrieben werden. Dicyanamid setzt im Magen Blausäure frei.

Bewertung: *Wer eine unbedenkliche Dosis Kreatin zu sich nehmen will, dem sei zu einem Teller Kraftbrühe geraten. Darin ist Kreatin ein echtes Qualitätsmerkmal.*

Orotsäure

Sie wird – oft unter der irreführenden Bezeichnung Vitamin B_{13} – zur Vorbeugung zahlreicher Krankheiten angeboten, insbesondere als „natürlicher" Cholesterinsenker. Dieser Effekt beruht offenbar auf einer Schädigung der Leber: Orotsäure hemmt die Ausscheidung des Cholesterins ins Blut, was bis zur Leberverfettung führen kann. O. ist ein beliebtes Modell, um beim Versuchstier eine nichtalkoholische Fettleber und Leberkrebs zu erzeugen. In geringer Menge ist sie ein natürlicher Bestandteil der Kuhmilch, die Muttermilch ist fast frei davon.

Bewertung: *Als natürlicher Lebensmittelbestandteil harmlos, in höherer Dosis ein Lebergift.*

PABA

Was mittlerweile als „Schönheitsvitamin" populär wurde, diente einst zur Herstellung von Betäubungsmitteln. Schon vor Jahren wurde die p-Aminobenzoesäure aufgrund schwerwiegender Nebenwirkungen wie Allergien und Autoimmunerkrankungen als Sonnenschutzmittel aus dem Verkehr gezogen. PABA ist nur für Parasiten wie die Erreger der Malaria, der Schlafkrankheit oder der Flussblindheit ein echtes Vitamin.

Bewertung: *Nicht nur Fernreisende sollten auf eine Einnahme verzichten.*

Probiotika

P. sind Keime, die sich in der Wärme des menschlichen Darmes wohlfühlen, weil sie sich von seinem Inhalt nähren. Vorher müssen sie jedoch einen längeren Aufenthalt im Kühlregal inmitten saurer Milch überstehen. Glücklicherweise überleben das viele probiotische Keime nicht. Denn diese können für immungeschwächte Patienten lebensbedrohlich sein. P. stammen ursprünglich natürlich nicht aus der Milch. Da sie sich auf der Darmschleimhaut ansiedeln sollen, wurden sie zuerst aus menschlichen Fäkalien oder auch aus Vaginalsekreten isoliert. Die Hersteller hüllen sich in Hinblick auf die Herkunft ihrer aktuellen „Keime" in vornehmes Schweigen.

Ihre vielbeschworene Fähigkeit, Darminfekte zu bekämpfen, beruht auf der Bildung von Bakteriozinen, also einer speziellen Form von Antibiotika, zu denen auch das Konservierungsmittel Nisin (s. S. 44) zählt. Da Antibiotika in der Bevölkerung auf Ablehnung stoßen, werden sie eben im Körper des Kunden erzeugt. Das Ganze wird dann als „Stärkung des Immunsystems" beworben.

Bewertung: *Probiotische Joghurts bieten gegenüber normalen Sauermilchprodukten keine nennenswerten Vorteile.*

Taurin

Werblich hervorgehobener Inhaltsstoff von Energy Drinks, daneben Geschmacksverstärker für Suppen und Soßen. Taurin ist ein Zwischenprodukt bei der Herstellung von Farbstoffen, Reinigungs- und Arzneimitteln. Hilft bei der Bekämpfung von Schimmel.

Es wird vom menschlichen Körper in ausreichender Menge selbst gebildet. Eine Ausnahme stellen Katzen und Säuglinge dar, denen Taurin wahrscheinlich mit der Nahrung zugeführt werden muss. Deshalb ist ein Taurinzusatz für Säuglingsnahrung sinnvoll und auch zugelassen. Problematisch ist die Zufuhr hoher Dosen bei gleichzeitigem starken Schwitzen (wie bei Technopartys), da die Substanz einen akuten und lebensbedrohlichen Natriummangel auslösen kann.

Bewertung: *Unsinniger Zusatz in Energydrinks. Bei salzarmer Kost problematisch.*

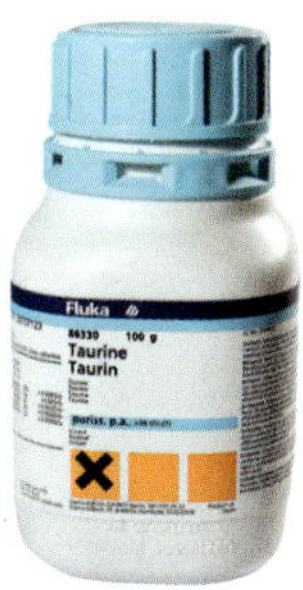

Trägerstoffe und Trägerlösemittel

Trägerstoffe und Trägerlösemittel erleichtern die Einarbeitung von Zusatzstoffen ins Lebensmittel, insbesondere von Enzymen und Aromen. Lösungsmittel sind für Extraktionsprozesse wie die Gewinnung sogenannter natürlicher Aromen unverzichtbar. Eine Deklaration ist nicht erforderlich, so dass wir diese Substanzen zwar regelmäßig verspeisen, aber nie etwas davon erfahren. Als Träger eignen sich nicht nur die hier aufgelisteten Substanzen, sondern auch so genannte Säuerungsmittel und Säureregulatoren (Acetate, Lactate, Carbonate), Verdickungsmittel (Alginate, Carragene, modifizierte Stärken), Zuckeraustauschstoffe (Sorbit) und Emulgatoren wie Lecithine und Mono- und Diglyceride.

E 422 Glycerin

Wichtiges Trägerlösemittel, Feuchthaltemittel und Weichmacher mit süßlichem Geschmack. Außerdem für Gelatineüberzüge von Fleischerzeugnissen, essbare Kunstdärme sowie Kaugummi. Früher zum Panschen von Wein verwendet – E 422 sorgte für eine gewisse „Öligkeit".

Alle natürlichen Fette sind aus Fettsäuren und Glycerin aufgebaut. Bei der Verdauung wird daraus das Glycerin freigesetzt und vom Körper verwertet. Insofern handelt es sich um einen normalen und reichlich vorhandenen Nahrungsbestandteil. Allerdings kann es bei Einnahme größerer Mengen an reinem Glycerin zu Rauschzuständen, Kopfschmerzen, Blausucht und Nierenschmerzen mit blutigen Durchfällen kommen.

Feuchthaltemittel für Tabak; mit dem Rauch von Wasserpfeifen werden erhebliche Mengen inhaliert. Wichtig für Schuhcreme, Kosmetika und zur Herstellung von Nitroglycerin. In Zäpfchen zur Steigerung des Defäkationsreizes.

Glycerin ist ein Abfallprodukt, das früher vor allem bei der Herstellung von Seife anfiel. Heute bleiben bei der Synthese von Biodiesel aus Rapsöl gewaltige Mengen übrig. Deshalb mittlerweile wichtiges Futtermittel für Rinder und Schweine. Substrat für Biogas-Anlagen. Für Bio-Lebensmittel zugelassen.

Bewertung: *Als Zusatzstoff in Lebensmitteln aufgrund der geringen Menge unbedenklich. Doch die Verlockung, damit Lebensmittel zu verfälschen, besteht nach wie vor.*

E 444 Saccharoseacetatisobutyrat (SAIB)

Ein so genanntes Weighting Agent, ein Mittel also, das Zitrusaromen „beschwert", sodass sie nicht als ölige Tropfen auf der Limonade schwimmen oder milchige Trübungen verursachen, sondern sich gleichmäßig in der Flüssigkeit verteilen. Zugleich stabilisiert es das Aroma, die Farbe und den Trub, falls dieser erwünscht ist.

Bei toxikologischen Tests erwiesen sich Hunde als besonders empfindlich. Sie entwickelten reversible Leber- und Gallenschäden. Auch wenn die Experten davon ausgehen, dass diese Ergebnisse nicht auf den Menschen übertragbar sind, bleiben dennoch Zweifel angesichts der Schwierigkeit, dieses Stoffgemisch analytisch zu charakterisieren. Zugelassen für so genannte „naturtrübe" Limos und Sportlergetränke.

Bewertung: An der Sicherheit dieses Stoffgemisches bestehen Zweifel, eine abschließende Bewertung ist derzeit nicht möglich.

E 459 ß-Cyclodextrin

Weißes, geschmackloses Pulver. Füllstoff, Komplexbildner, Verkapselungsmittel und Geschmacksmodifikator.

Cyclodextrine bilden „Stärkekäfige", in die beispielsweise Aromen „eingesperrt" werden können, damit sie nicht schon während der Lagerung aus dem Produkt (z. B. Getränkepulver) entweichen. Zugleich bleiben die Aromen dadurch vor dem nachteiligen Einfluss von Luftsauerstoff geschützt. Manche Aromen werden damit backstabil gemacht, so dass sie erst beim Verzehr hervortreten.

In Grapefruitsaft, Kaffeeprodukten etc. maskieren sie den Bittergeschmack. Süßstoffe verlieren mit E 459 ihren metallischen, unangenehmen Nachgeschmack. Herstellung erfolgt aus Stärke oder Traubenzucker, die mit dem Enzym Cyclodextringlucanotransferase (siehe S. 158) zyklisiert werden.

Bewertung: Technologische Wundertüte, die sich hoffentlich nicht als Büchse der Pandora entpuppt.

E 511 Magnesiumchlorid

Mineral- und Bitterstoff. Gewinnung entweder aus den Rückständen der Meersalzraffination, oder durch Reaktion von Magnesiumoxid mit Salzsäure, oder aus Hopfen (als Nebenprodukt bei der Gewinnung von Hopfenextrakten zur Aromatisierung von Bier). Unverzichtbar zur Herstellung von Tofu: E 511 (Nigarisalz) lässt das Sojaeiweiß gerinnen.

Zur Anreicherung von Lebensmitteln mit Magnesium. Zum Härten von Obst- und Gemüsestückchen. In der Trinkwasseraufbereitung als Säureregulator.

Für Bio-Tofu unverzichtbar

Magnesiumchlorid. Auch zum Konservieren von Eisenbahnschwellen in Gebrauch.

Ansonsten zum Beschweren von Wolle (damit sie mehr wiegt); Staubbindemittel, Flammhemmmittel in Appreturen, Ersatz für Streusalz, sowie Zusatz in Leim auf Caseinbasis. E 511 ist für Bio-Produkte als Koagulationsmittel zugelassen.

Bewertung: *Unbedenklich, denn gewöhnlich wird die Verwendung durch seine Bitterkeit begrenzt.*

E 1505 Triethylcitrat

Lösungsmittel von esterartigem Geruch und leicht bitterem Geschmack, das die Einarbeitung von Aromen, Enzymen und Farbstoffen in wässrige Lösungen erlaubt. Daneben als Zusatz für Eiklarpulver. Es stellt die Aufschlagfähigkeit des Eiklars wieder her, falls etwas Eigelb beim maschinellen Trennen von Eiklar und Eigelb in den Tank mit Eiklar hineingeraten sein sollte. Verzögert das Verfestigen von Rohwurst. Die langsame Freisetzung von Säure ermöglicht technologische Spezialeffekte in Backwaren und Desserts. Zusatz für keimhemmende Deodorants, daneben Weichmacher in Kunststoffen.

Wird im Körper in harmlose Bestandteile (Alkohol und Citronensäure) gespalten. Erhöht den Blutalkoholgehalt nur minimal.

Bewertung: *Triethylcitrat gilt als unbedenklich.*

E 1517 Glycerindiacetat (Diacetin)

E 1518 Glycerintriacetat (Triacetin)

Farblose, ölige Flüssigkeiten von süßlichem, cremigem und fruchtigem Geschmack. E 1518 ist ein natürlicher Inhaltsstoff von Papayas. Bei der chemischen Synthese erhält man gewöhnlich beide Stoffe gleichzeitig, so dass sie gewöhnlich als Gemisch zum Einsatz kommen.

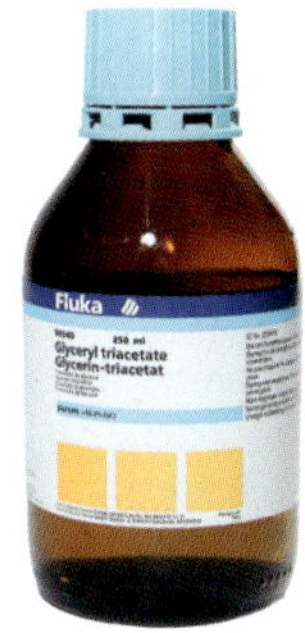

Verwendung vor allem für Aromen und Extrakte, sowie Kaumassen. Weichhaltemittel in Verdickungsmitteln. Da E 1518 auch eine Feuchthaltewirkung entfaltet, wird es als Weichmacher für Kunststoffe sowie als Lösungsvermittler für Farbe, Textil-, Papier- und Lederbehandlungsmittel verwendet.

Beide Stoffe werden vom Körper bereitwillig resorbiert, aufgespalten und kalorisch verwertet.

Bewertung: *Von ihrer chemischen Struktur eher unverdächtig weil fettähnlich; sofern nur in Spuren im fertigen Lebensmittel enthalten, belanglos.*

E 1519 Benzylalkohol

Kommt natürlich in Jasminblütenöl, Tabak, vielen Früchten oder grünem Tee vor. Extraktions- und Lösungsmittel für Aromen sowie Aromastoff von leicht fruchtigem Geruch und süßlichem Geschmack. In Textilien, Kosmetika und Parfums vor allem als Konservierungsmittel. E 1519 kann auch über Kunststoffverpackungen ins Lebensmittel gelangen. Daneben wird es auch zur örtlichen Betäubung und zur Bekämpfung von Milben und Läusen benutzt.

Im Körper wird Benzylalkohol über Benzaldehyd (ein Aromastoff mit Bittermandelgeruch) zu Benzoesäure (E 210) verstoffwechselt. Aufgrund der Vielzahl der Quellen sah sich der Wissenschaftliche Lebensmittelausschuss der EU außerstande eine Abschätzung der Zufuhrmengen vorzunehmen.

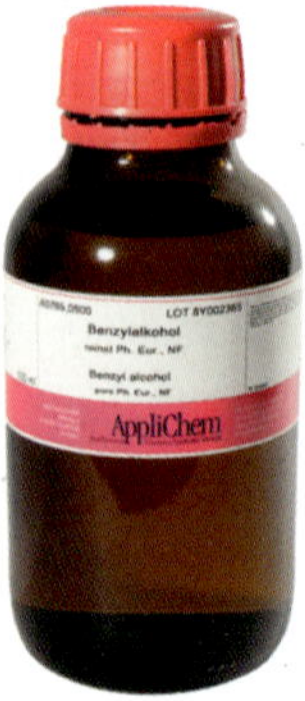

Bewertung: *Es ist nur eine Frage der Dosis, ob dieser Stoff ein harmloses natürliches Aroma, oder ein toxisches Pestizid ist.*

E 1520 1,2-Propandiol (Propylenglycol)

Feuchthaltemittel und Weichmacher. Aufgrund seines guten Lösungsvermögens Trägerstoff für Aromen, Enzyme und Antioxidantien. Verlängert in höherer Konzentration die Haltbarkeit und hilft dadurch Konservierungsstoffe einzusparen. Daneben dient es als Frostschutzmittel, Bremsflüssigkeit und Lösungsmittel für Lacke. Wärmeträger in Solar- und Kühlanlagen; zur Herstellung von Kunststoffen, Hautcreme und Zahnpasta. Erhöht die Resorption von Wirkstoffen aus Kosmetika und Arzneimitteln.

Befeuchtungsmittel in Humidoren und wichtiger Zusatz in Wasserpfeifentabaken. Letzteres kann laut Bundesinstitut für Risikobewertung (BfR) zu einer erheblichen Aufnahme des Stoffes über den Rauch der Wasserpfeife führen.

Wird vom Körper sofort aufgenommen. Bei intravenöser Verabreichung als Trägerstoff für Medikamente traten Nierenschäden auf. In Nahrungsmitteln gilt E 1520 in geringer Dosis als harmlos, auch wenn gelegentlich allergische Hautausschläge beobachtet wurden. Bei Aufnahme hoher Dosen wurden Vergiftungen beobachtet, die in ihrer Symptomatik an einen Alkoholrausch erinnern. Katzen reagieren sehr empfindlich auf E 1520. Bei Hochleistungsrindern wichtiger Futterzusatz (ein Viertelliter pro Tag) zur Erhöhung der Milchleistung nach dem Kalben. Hergestellt aus Glycerin (E 422).

Bewertung: *Allround-Chemikalie für alles und jedes - aber im Essen unnötig.*

Methanol

Auch unter dem Namen Holzgeist bekannt. Entsteht bei der Kohlevergasung durch Reaktion von Kohlenmonoxid mit Wasserstoff. In der Natur weit verbreitet, wird bei der Verdauung von Obst aus den Pektinen freigesetzt und im Körper zu Ameisensäure - ein weitgehend verbotenes Konservierungsmittel (siehe S. 183) - abgebaut. Der Methanolgehalt in manchen alkoholischen Getränken gilt als eine Ursache des Katers. Verwendung als Extraktionslösungsmittel sowie zum Ausfällen von Verdickungsmitteln oder Zuckern. Daneben alternativer Treibstoff für Ottomotoren.

Bewertung: *Als technischer Hilfsstoff akzeptabel, sofern die Höchstmengen (maximal 10 ppm) eingehalten werden. Nicht jedoch für Säuglingsnahrung.*

Dihydrogen-Monoxid

Typisches Trägerlösungsmittel für Aromazubereitungen. Folgende Fakten sind seit langem über das bläulich schimmernde Lösungsmittel bekannt: Gerät es in die Lunge, besteht Lebensgefahr. Dies hatte in den vergangenen Jahren nicht wenige Todesfälle zur Folge. Dihydrogen-Monoxid wird regelmäßig in Tumoren von Krebspatienten im Endstadium angetroffen. Zudem ist es Hauptbestandteil des sauren Regens.

Bevor Sie sich ins Bockshorn jagen lassen - das Teufelszeug ist nichts anderes als Wasser. Darin sind schon viele Menschen ertrunken. Die Aussagen sind zwar alle wahr - aber sie sind nicht wahrhaftig.

Manchmal werden Gefahren vertuscht - vor allem dann, wenn sie nicht auf Anhieb verständlich sind - und manchmal werden sie nach dem gezeigten Muster konstruiert. In beiden Fällen nur, um daraus politisches oder wirtschaftliches Kapital zu schlagen.

Dichlormethan

Auch als Methylenchlorid bekannt, ein naher Verwandter des Chloroforms. Extraktionslösungsmittel für Kaffee und Tee zur Entfernung von Koffein, Bitter- und Reizstoffen. In entkoffeiniertem Kaffee sind Restgehalte von 2 mg/kg zulässig, in Tee 5 mg/kg. In Aromen auf 0,02 mg/kg begrenzt.

Breite Anwendung in der Technik, Treibgas für Kosmetika, früher als Betäubungsmittel in Gebrauch.

Bewertung: *Überflüssiges Lösungsmittel für Nahrungsmittel.*

Hexan

Explosives und giftiges Lösungsmittel zur Gewinnung von Speiseölen und Kakaobutter, zur Herstellung entfetteter Eiweißerzeugnisse (Sojaprotein) und zur Extraktion von Aromen. In Spuren von Natur aus in einigen Aromen enthalten wie in Äpfeln, Steinpilzen und gerösteten Mandeln. Der zulässige Rückstand an Hexan ist bei Speiseölen, Kakaobutter und Aromen auf 1 mg/kg begrenzt, bei Getreidekeimen auf 5 mg/kg und bei Sojaprodukten auf 30 mg/kg.

Bewertung: *Ein Rückstand von 30 Milligramm pro Kilo ist technologisch unnötig.*

Isopropanol

Steuerfreier Ersatzstoff für Alkohol zur Extraktion von Lebensmitteln aller Art (zulässiger Restgehalt 10 mg/kg, bei Aromen jedoch nur 1 mg/kg). Bei Bio-Produkten zur Herstellung von Kristallzucker. Ferner wird Isopropanol als Lösungsmittel für Erfrischungsgetränke verwendet, die für Moslems (Alkoholverbot!) bestimmt sind.

Daneben Desinfektions- bzw. Frostschutzmittel sowie Lösungsmittel für Kosmetika. In höherer Dosis schleimhautreizend und betäubend.

Bewertung: *Isopropanol ist gleichermaßen ein Alkohol - wobei Ethanol klar die bessere Wahl ist.*

Durchblick dank Isopropanol

Lebensmittelzusatzstoffe finden vielfältige Verwendung. Isopropanol hat sich als Fensterputzmittel und technischer Hilfsstoff zur Herstellung von Bio-Zucker bewährt.

Methylacetat

Zur Extraktion von Koffein und Reizstoffen aus Kaffee und Tee (zulässiger Restgehalt 20 mg/kg) sowie zur Gewinnung von Zucker aus Melasse (1 mg/kg). Daneben Aromastoff von angenehm fruchtigem Geruch, der auch in vielen Früchten vorkommt.

Gilt als eines der besten Lösungsmittel und wird in erster Linie in der Lack-, Kosmetik- und Pflanzenschutzmittel-Industrie eingesetzt. In hoher Dosis Nervengift.

Bewertung: *Als technischer Hilfsstoff sowie als Aromastoff unbedenklich.*

Methylethylketon (Butan-2-on, MEK)

Extraktionslösungsmittel, brennbar und explosiv. Zur Fraktionierung von Pflanzenölen beispielsweise zur Herstellung „ungehärteter" Margarinen, „kühlschrankfester" Speiseöle und zur Entfernung von Reizstoffen aus Kaffee und Tee. Maximaler Rückstand in entcoffeinierter Ware 20 mg/kg. Natürliches Vorkommen (Spuren) in Äpfeln, Bananen, Weißbrot und Shrimps.

Bewertung: *Als Lösungsmittel akzeptabel, nicht aber Rückstandsgehalte von 20 Milligramm pro Kilo.*

Trennmittel

Trenn- und Überzugsmittel werden in dünnen Filmen auf Formen, Fließbänder oder Backbleche gesprüht, um das Klebenbleiben der Produkte zu verhindern. Sie schützen Bonbons vor dem Verkleben, Instantgerichte vor dem Verklumpfen und erhalten die Rieselfähigkeit von Salz. Andere dienen zum Wachsen von Obst, sorgen für eine glänzende Oberfläche von Süßwaren oder schützen süße Teilchen vom Bäcker vor Aromaverlust, Austrocknung und Oxidation.

Trennmittel bedienen damit ein weites Spektrum: Teilweise sind sie nützliche Helfer für eine handwerkliche wie industrielle Nahrungsproduktion, teilweise dienen sie der Bequemlichkeit des Kunden und teilweise der Schönung und damit einem appetitlichen Aussehen der Speisen.

E 470b Magnesiumsalze von Speisefettsäuren

Nebenprodukt der Speiseölraffination. Bei der Raffination wird das Rohöl alkalisch verseift, mit Säure ausgefällt und dann mit Magnesiumhydroxid umgesetzt. So erhält man E 470b. Wegen seiner feinpulvrigen Struktur und seines Haftvermögens gutes Trennmittel, Rieselhilfsmittel für weiche Kristalle und Trägerstoff für Aromen und Antioxidantien. Daneben als Emulgator für Wachsemulsionen zur Oberflächenbehandlung von Obst. Wichtiger Bestandteil von Waschmitteln, Anticakingmittel für Feuerlöscher sowie Mittel zum Deinken von Altpapier.

Bewertung: *In geringer Menge unbedenklich.*

E 530 Magnesiumoxid

Vielseitiger Chemiegrundstoff, auch als Magnesia oder Bittererde bekannt. Gewinnung aus Meerwasserentsalzungs-Restlaugen.

Magnesiumoxid verhindert das Festkleben von Waffeln am Waffeleisen, dient zum Aufbereiten von Trinkwasser, verbessert die Löslichkeit von Kakaopulver und reguliert die Glimmfähigkeit von Tabak. Zugleich ein Rieselhilfsstoff für pulverförmige Lebensmittel sowie Mineralstoff für Diät-Lebensmittel und Düngemittel.

Bewertung: *In geringer Menge bei Verzehr harmlos. Problematischer bei Inhalation als Feinstaub.*

E 535 Natriumferrocyanid
E 536 Kaliumferrocyanid
E 538 Calciumferrocyanid

Gelbes Blutlaugensalz. Es verbessert die Rieselfähigkeit von Speisesalz. Speziell Ferrocyankali (E 536) ist zum Schönen von Wein zugelassen. Die in den Zusätzen gebundene Blausäure kann nur von starken Säuren freigesetzt werden. Die Magensäure oder Essiggurken sind dafür zu schwach.

Bewertung: *Unbedenklicher Zusatzstoff, der nur in minimalen Mengen konsumiert wird.*

E 551 Siliciumdioxid, Kieselsäure
E 552 Calciumsilikat
E 553a Magnesiumsilikat
E 553b Talkum
E 554 Natriumaluminiumsilikat
E 555 Kaliumaluminiumsilikat

E 556 Calciumaluminiumsilikat
E 559 Aluminiumsilikat, Kaolin

Silikate verhindern das Zusammenbacken von pulverförmigen Trockenlebensmitteln, Salz, Schmelzkäsescheiben, Süßwarenkomprimaten. Talkum darf daneben zur Oberflächenbehandlung von Würsten, von Reis sowie als Füllstoff für Kaugummi verwendet werden.

Da einige Rohstoffe in der Natur mit Asbest vergesellschaftet sind, dürfen diese nicht verwendet werden. Der Krebsverdacht, der auf Talkum lastete, konnte nicht erhärtet werden. E 551, E 553 b und E 559 sind auch für Bio-Produkte zugelassen. Bei E 555 handelt es sich um das Mineral Glimmer. Es wird neuerdings zur Herstellung von Interferenzfarben verwendet. Siehe S. 32.

Bewertung: *Bei Asbestfreiheit vermutlich unproblematisch.*

E 570 Fettsäuren

Gewonnen durch sogenanntes Verseifen von Fetten. Dabei werden Glycerin (E 422) und Fettsäuren freigesetzt. Da beim Verdauungsvorgang in gleicher Weise die Fettsäuren freigesetzt werden, gilt E 570 als physiologisch unbedenklich. Deshalb auch für alle Lebensmittel zugelassen, beispielsweise als Überzugsmittel für Obst.

Bewertung: *Unbedenklich.*

E 901 Bienenwachs, weiß und gelb

Relativ teures Trennmittel, das gewöhnlich mit billigeren Zusätzen gestreckt wird. Aufgrund seines natürlichen Ursprungs sollte das Augenmerk auf etwaigen Rückständen liegen. Einige im Bienenstock eingesetzte Arzneimittel reichern sich im Wachs an. Nicht zuletzt deshalb darf das Wachs gewaschen, gefiltert und gebleicht werden („weißes Bienenwachs"). Über die Folgen eines Wachsverzehrs ist bis heute nichts bekannt. Die Weltgesundheitsorganisation (JECFA) verweist bei ihrer Zulassung von gelbem Wachs auf „die lange Geschichte der Verwendung ohne erkennbare Nebenwirkungen". Auch für Bio-Produkte zugelassen.

Bewertung: *Nicht das Wachs ist das Problem, sondern die manchmal abenteuerlichen Rückstände - schließlich wird Wachs weltweit erzeugt und gehandelt. Eine gründliche Reinigung und Rückstandskontrolle sind unverzichtbar.*

E 902 Candelillawachs

Pflanzliches Wachs von der Blattoberfläche zweier mexikanischer Wolfsmilchgewächse (*Euphorbia cerifera, E. antisyphilitica*), die in Mexiko und Texas heimisch sind. Das Wachs wird durch Auskochen der Stängel mit Schwefelsäure gewonnen.

Anwendung in der Bäckerei, z. B. als Spray in Kombination mit Spezialölen und Emulgatoren, um zusätzlich zur Trennung von der Backform eine ansprechende Bräunung zu erzielen. Kaumasse für Kaugummi und Überzugsmittel für Süßwaren und Obst.

Bewertung: *Gilt als unbedenklich, weil das Wachs überwiegend aus den gleichen Inhaltsstoffen besteht, wie die natürliche Wachsschicht auf Früchten und Gemüsen.*

E 903 Carnaubawachs

Das gelblichgrüne Wachs stammt von den Blättern der brasilianischen Wachs- oder Fächerpalme (*Copernicia cerifera, Copernica prunifera*). In der Trockenzeit wird ein Teil der Wedel abgeschnitten, sie werden getrocknet, damit sich die Wachsschicht lockert und geschlagen, bis sich das Wachs ablöst. Das Rohwachs wird in heißem Wasser geschmolzen und mit Schwefelsäure sowie Bleicherde entfärbt.

Die Carnauba-Palme

... wird meistenteils nicht kultiviert. Ein Wedel liefert pro Jahr ca. 200 Gramm Carnaubawachs. Brasilien produziert jährlich über 20.000 Tonnen.

E 903 ist härter und hitzestabiler als Bienen- oder Candelillawachs. Es ist zudem gut polierbar und schützt vor Austrocknen und Verkleben. Carnaubawachs verleiht nicht nur Schokolade, Süßwaren und Kaugummis ihren Glanz, sondern auch Stiefelwichsen, Lippenstiften, Papieren und Autopolituren. Auch Nüsse, Orangen, Äpfel, Birnen, Melonen oder Pfirsiche werden mit E 903 gewachst und bleiben so länger frisch.

Die EU-Kommission kam zu dem Schluss, dass das Palmenprodukt unbedenklich ist – zumindest *in vitro*. Da keine Langzeitstudien vorliegen, sind bisher maximal 200 Milligramm Wachs pro Kilo zugelassen. Auch für Bio-Produkte erlaubt.

Bewertung: Unverdächtiger Naturstoff, - aber nichts Genaues weiß man nicht.

E 904 Schellack

Schellack wird aus dem Sekret weiblicher, saugender Lackschildläuse gewonnen, die in riesigen Kolonien auf asiatischen Bäumen leben. Zum Schutz ihrer Brut sondern sie ein Sekret ab, das zweimal jährlich von den umkrusteten Ästen abgekratzt wird. Der darin enthaltene rote Farbstoff wird mit verdünnten Laugen ausgewaschen und anschließend das Wachs mit Hypochlorit und Aktivkohle gebleicht.

Verwendung als Überzugsmittel von Süßwaren, Obst, Nüssen, Kaffeebohnen und Snacks. Bestandteil von Kaugummi. Zitrusfrüchte glänzen dadurch schöner, fühlen sich in der Hand angenehmer an und trocknen langsamer aus.

Schellack

Einst die Grundlage der Schallplatten-Industrie (1895-1960). Die modernen Kunststoffe haben in vielen Produkten die Lackschildlaussekrete ersetzt.

Bewertung: Der Lausextrakt gilt aufgrund seiner langen Tradition als harmlos, auch wenn eine differenzierte toxikologische Bewertung bisher aussteht.

E 905 Mikrokristalline Wachse

Mineralölprodukt für Wachsüberzüge. Gewonnen aus den Rückständen der Schmierölherstellung. Die Reinigung umfasst die Entasphaltierung, die Lösungsmittelextraktion, die Entparaffinierung und eine Bleichung bzw. Hydrierung mit Wasserstoff (E 949) mit anschließender Desodorisierung. Die Zusammensetzung der Wachse unterscheidet sich je nach Rohstoff und Verarbeitung.

Zugelassen für die Behandlung der Oberflächen von Melonen, Mangos, Avocados und Papayas, sowie als Glanzmittel für Süßwaren und Überzugsmittel von feinen Backwaren. Verwendung für die ablösbaren Überzüge von Käse oder Würsten. Auch als Entschäumer im Waschwasser von geschnittenen Kartoffeln. Daneben Kaumasse für Kaugummi, gern mit Kunststoffen wie Polyäthylen oder Cyclokautschuk kombiniert.

Die vorhandenen toxikologischen Daten sind nach Ansicht der Europäischen Lebensmittelbehörde EFSA unauffällig, Langzeitstudien fehlen jedoch. Irritierend ist allerdings der Befund, dass sich im menschlichen Körper Ablagerungen von Mineralölen in Leber, Lymphgefäßen und Milz finden, deren Herkunft und pathologische Bedeutung bisher ungeklärt ist.

Bewertung: *Toxikologisch fragwürdige Stoffklasse.*

E 907 Hydriertes Poly-1-decen

Synthetische, zähe, ölige Flüssigkeit. Gewinnung durch Polymerisation von Olefinen mit anschließender Hydrierung mit Wasserstoff (E 949). Auf Grund seiner hohen chemischen Stabilität wird E 907 nicht ranzig und hinterlässt auch kein öliges Gefühl auf der Zunge. Überzugsmittel für Trockenfrüchte und Süßwaren, daneben Formtrennmittel in der Bäckerei. Gilt als nicht resorbierbar.

Bewertung: *Die Resorbierbarkeit sollte in Verbindung mit Emulgatoren überprüft werden, um verbindliche toxikologische Aussagen treffen zu können.*

(E 910) Wachsester

Fettsäuren, verestert mit langkettigen Alkoholen. Sie dienen seit den Walfangverboten als Ersatz für Spermöl („Walrat"). Heute Verwendung für die Kaumasse von Kaugummis, um ein Anhaften am Zahnersatz zu vermeiden. Hat inzwischen seine E-Nummer 910 wieder verloren. Verzehr größerer Mengen führt zu Fettstuhl. Auch in Kosmetika, Salben und Schmiermitteln.

Bewertung: *Solange die Zulassung auf Kaugummi beschränkt bleibt, belanglos.*

Sperm oil bottle

Historische Flasche mit Walrat, dem Vorgänger von E 910. Walrat wurde aus dem Schädel des Pottwals gewonnen. Er lieferte bis zu zwei Tonnen Spermöl. Den Namen verdankt es der Vorstellung, der Wal hätte nur Samenflüssigkeit im Kopf.

Stelldichein der Überzugsmittel

Ohne Oberflächenbehandlung wäre das Angebot an frischen Südfrüchten deutlich geringer und der Anteil verdorbener und weggeworfener Ware läge wesentlich höher. Häufig werden Überzugsmittel zur Verbesserung der Wirkung mit Emulgatoren und Antioxidantien versetzt. Auch einheimische Ware wie Äpfel wird damit behandelt. Dies erlaubt es ganzjährig frisches Obst anzubieten.

E 912 Montansäureester

Der Rohstoff, das Montanwachs, wird aus Braunkohle gewonnen. Unerwünschte Begleitstoffe werden durch Oxidation mit Chromschwefelsäure entfernt. Anschließend können die Montansäuren mit Ethylenglykol, 1,2-Butandiol oder Glycerin verestert werden. Zur Beschichtung von Südfrüchten und Kunststoffverpackungen, für Möbelpolituren und zur Imprägnierung von Textilien. Mäuse haben sich bei einer Zugabe zum Futter als unempfindlich erwiesen, Ratten zeigten bereits bei 5 Promille im Futter schwere Leberschäden.

Bewertung: *Nicht für Lebensmittelzwecke geeignet.*

913 Wollwachs (Lanolin)

Sekret der Talg- bzw. Schweißdrüsen des Schafes. Wird durch Extraktion von Schafsvliesen mit Isopropanol (siehe S. 140) gewonnen. Rohwollwachs ist ein übelriechendes gelbbraunes Gemisch, das erst nach einer aufwendigen Raffination das begehrte Lanolin ergibt. Muss für Lebensmittel den Reinheitsanforderungen des Arzneimittelbuches entsprechen.

Verwendung als Antihaftmittel für Kaugummi, damit dieser nicht am Zahnersatz kleben bleibt. Beliebt in Kosmetika und in Korrosionsschutzmitteln. Die gelegentlich beobachtete schwache Allergenität wird auf Rückstände von Tensiden zurückgeführt, die zur Reinigung der Vliese verwendet und auch durch Raffination nicht immer vollständig abgetrennt werden.

Wollwachs (Lanolin)

Ein Naturprodukt das eine sehr aufwendige physikalisch-chemische Aufbereitung erfordert - u. a. zur Entfernung von Pestiziden, die den Schafen zur Abtötung von Zecken verabreicht wurden.

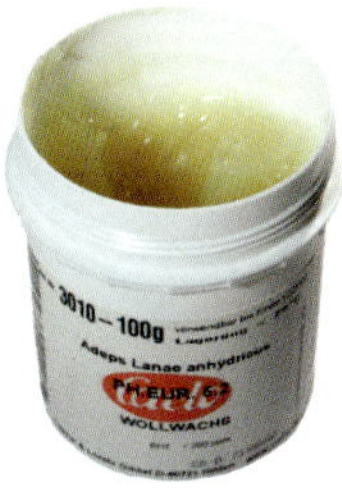

Bewertung: *Bewährtes Wachs, das allerdings eine besonders sorgfältige Qualitätskontrolle erfordert.*

E 914 Polyethylenwachsoxidate

Polyethylen, das in geschmolzenem Zustand mit Luft oxidiert wurde. Polyethylenwachsoxidate lassen sich gut emulgieren und zeichnen sich durch große Härte aus. Verwendung als Überzugsmittel für Orangen, Melonen, Mangos, Papayas, Avocados und Ananas - gewöhnlich in Kombination mit Netzmitteln und Schimmelschutz.

Bewertung: *Eine Einschätzung ist mangels toxikologischer Daten nicht möglich.*

Treib- und Packgase

Treib-, Pack- und Schutzgase erfüllen sehr unterschiedliche Aufgaben, wie den Transport pumpfähiger Produkte wie Öle oder Sahneerzeugnisse durch Rohrleitungen, den Schutz des Verpackungsinhalts vor Oxidation, die „Polsterung" von Chips, damit sie beim Transport nicht in der Tüte zerbröseln, den Schutz vor mikrobiellem Verderb, weil der für viele Mikroben lebenswichtige Sauerstoff durch andere Gase ersetzt wird, den Transport von Bier durch die Leitungen der Zapfanlagen, die Bildung von Schäumen (Sahne) oder das Sprayen von Trennmitteln auf Backbleche bzw. Glasuren auf Backwaren.

Von besonderer Bedeutung ist das sogenannte CA-Lager (CA = Controlled Atmosphere). Die Steuerung der Zusammensetzung der Atmosphäre in einem Gemüse- oder Obstlager erlaubt eine mehrmonatige Lagerung. Das Absenken der Temperatur und des Sauerstoffgehaltes versetzt die Ware in eine Art Ruhezustand. Damit wird nicht nur die Versorgung mit „frischem" Obst und Gemüse im Winter sichergestellt, diese Art der Lagerung erlaubt auch den energiesparenden Transport empfindlicher Lebensmittel per Schiff.

E 290 Kohlendioxid

In Kombination mit Stickstoff wichtigstes Schutzgas für verpacktes Fleisch, Fisch, geschälte Kartoffeln, Schnibbelsalate, Hopfen und Backwaren. Wichtiger Bestandteil des Gasgemisches im CA-Lager. Auch Kältemittel beim Tiefgefrieren. Siehe Konservierungsmittel S. 50.

E 938 Argon

E 939 Helium

Edelgase, die bei der Verflüssigung von Luft gewonnen werden. Argon wird zur Füllung von Glühbirnen sowie als Sicherheitsgas für Taucher verwendet. Als Zusatzstoffe vor allem im Weinkeller populär: Beide Elemente werden als Schutzgase für Trauben, Most, Wein und Perlwein eingesetzt. Für Lebensmittel unbedenklich. Auch für Bio-Produkte zugelassen.

Bewertung: *Unbedenklich.*

E 941 Stickstoff

Stickstoff dient als Schutzgas, um einen Verderb durch Sauerstoff (Ranzigwerden) oder durch Mikroorganismen zu verhindern. Zum Tiefgefrieren werden empfindliche Lebensmittel sogar direkt mit flüssigem Stickstoff versetzt, wobei dieser verdampft (-196°C) und dem Kühlgut die Wärme entzieht. Auch zum Aufschäumen von Desserts, Cremes und Frischkäse-Zubereitungen. Verbessert nicht nur die Haltbarkeit sondern erhöht vor allem das Volumen. Auch für Bio-Produkte wie Öko-Wein zugelassen.

Bewertung: *Stickstoff ist der Hauptbestandteil der Luft. Deshalb unbedenklich.*

E 942 Distickstoffmonoxid

Lachgas. Kommt in natürlichen Faulgasen vor. Verwendung vor allem als Treibgas in Sahnesprays und als Lösungsmittel für die Hochdruckextraktion (z. B. von Aromen). Wirkt narkotisch und führt in höherer Dosis zu Halluzinationen. Deshalb auch Anaesthetikum in der Zahnmedizin und der Geburtshilfe. Rückstände durch Anwendung als Extraktionsmittel sind toxikologisch belanglos. Die brandfördernde Wirkung von E 942 erfordert jedoch geeignete Sicherheitsvorkehrungen im Herstellerbetrieb.

Bewertung: *Als Lösungsmittel für Aromen diskutabel; die Verwendung eines Betäubungsmittels in Sahnespraydosen für den Hausgebrauch hat einen Beigeschmack von Dekadenz.*

E 943a Butan

E 943b Isobutan

E 944 Propan

Brennbare Gase, die auch in den Gaskartuschen von Campingkochern genutzt werden. Technische Hilfsstoffe zur Extraktion von natürlichen Aromastoffen bzw. Aromaextrakten. Ersetzen in gewerblichen Backsprays die FCKW. Wirken in hoher Dosis narkotisch.

Bewertung: *Akzeptabel bei sachgerechter Anwendung.*

E 948 Sauerstoff

Verwendung im CA-Lager, insbesondere zur „Sauerstoffwäsche": Um die Stoffwechselaktivität von Obst und Gemüse am Ende der Lagerung wieder anzuregen, wird der Sauerstoffgehalt im CA-Lager vor dem Transport in die Supermärkte angehoben. Das erlaubt die Einstellung des Reifestadiums und fördert die Bildung von Aromastoffen.

Sauerstoff wird auch zur Druckbehandlung von Frischfleisch verwendet. Dadurch wird eine ansprechende „frische" rote Farbe erzielt, die bis zu zwei Wochen anhalten kann. Die Haltbarkeit wird dadurch nicht verbessert sondern eher verkürzt, weil Sauerstoff die Oxidation der

Schutzgase *sind das Geheimnis der Frische - egal, ob unter der Folie Hackfleisch, Obst oder Gemüse auf Käufer warten.*

Fette beschleunigt - vor allem bei Tiefkühl-Hackfleisch. Für Bio-Produkte zugelassen. Zum Thema „Sauerstoffwasser" siehe unter Zusätze zur Nahrungsergänzung (Seite 128).

Bewertung: *Unbedenklich. Die Nutzung des Sauerstoffs bei der CA-Lagerung von Obst und Gemüse ist eine sinnvolle Maßnahme. Die Anwendung in Metzgereien und Supermärkten, um den Inhalt ihrer Fleischtheken frischer aussehen zu lassen, ist ohne Deklaration eine Täuschung des Verbrauchers.*

E 949 Wasserstoff

Zur Herstellung von Margarine, Zuckeralkoholen wie Sorbit (E 420) und mikrokristallinen Wachsen (E 905). Durch die sog. katalytische Hydrierung mit Wasserstoff werden ungesättigte Verbindungen mehr oder weniger abgesättigt. Im Falle der Fettsäuren lassen sich flüssige Öle verfestigen. Die Technik der partiellen Hydrierung gehört zu den umstrittensten Verfahren der Lebensmittelherstellung. Dabei entstehen neben Transfettsäuren auch zahlreiche ungewöhnliche Reaktionsprodukte. Erfreulicherweise kündigte vor wenigen Jahren der Marktführer in Deutschland den Verzicht auf die partielle Hydrierung für Haushaltsmargarinen an. Inzwischen wurden die Gehalte an Transfettsäuren in pflanzlichen Fetten allgemein unter die Zwei-Prozent-Marke gesenkt.

Bewertung: *Wasserstoff wurde jahrzehntelang benutzt, um neuartige Stoffe im Essen zu erzeugen - z. B. kuriose Fettsäuren. Es wäre deshalb längst an der Zeit, diese Reaktionen aufzuklären und die neuartigen Stoffe genauso einem Zulassungsverfahren zu unterziehen wie andere neuartige Zusatzstoffe auch. (Siehe Raneynickel, Seite 120)*

Kohlenmonoxid

In Deutschland nicht zugelassen; erfreut sich aber weltweit (Südostasien, Japan, USA) großer Beliebtheit. Kohlenmonoxid ist eigentlich ein giftiges Gas, das in geringer Menge im Rauch enthalten ist. Aus diesem Grund bewirkte das traditionelle Räuchern von Fisch und Fleisch eine Erhaltung der roten Farbe im Endprodukt. Die Entschlüsselung dieses biochemischen Effektes führte dazu, dass vor allem Fisch über viele Jahre mit Kohlenmonoxidgas verpackt wurde; die Tarnbezeichnung in der Branche hieß „tasteless smoke", also „geschmackloser Rauch".

Inzwischen wird Fisch - um einen Nachweis des Gases in der Verpackung zu vereiteln - in Druckkammern behandelt und dann „normal" verpackt.

Mittlerweile haben Experten herausgefunden, dass sich Fische aus der Aquakultur vor der Schlachtung mit Kohlenmonoxid betäuben lassen. Dann ist die hübsche rote Farbe von Thunfisch-Sushi nur noch eine Nebenwirkung einer Tierschutzmaßnahme. Auch bei Fleisch sorgt die Zugabe von Kohlenmonoxid zu dem üblichen Packgasgemisch aus Sauerstoff und Kohlendioxid für eine längere Frischhaltung.

Bewertung: *Ohne Deklaration Verbrauchertäuschung.*

Enzyme

Bereits vor Jahrzehnten wurden in Deutschland alle nur denkbaren Enzyme zur Lebensmittelherstellung zugelassen - ohne jede Prüfung. Die pauschale Zulassung galt auch für Enzyme, die noch gar nicht entdeckt waren. Glücklicherweise arbeitet die EU daran, ihre Verwendung nachvollziehbar zu regeln. Eine Positivliste soll alle Enzyme beinhalten, die zur Produktion von Nahrung eingesetzt werden. Da die Lage höchst unübersichtlich ist, wird es noch Jahre dauern, bis die Liste vorgelegt werden kann.

Die Einsatzmöglichkeiten von Enzymen sind kaum noch überschaubar, eine Deklaration findet in aller Regel nicht statt. Eine Kontrolle ihres Einsatzes ist derzeit kaum möglich. Sie werden überwiegend aus gentechnisch bearbeiteten Mikroorganismen gewonnen. Da man Enzyme für gewöhnlich nicht pur verwendet, gelangen dadurch allerlei Zusatzstoffe ins Lebensmittel („carry over"), wie Konservierungsmittel, Äthylenglykol, Propylenglykol oder Sulfit. Zur mikrobiellen Sicherheit werden Enzyme nicht selten bestrahlt. Die meisten Enzyme enthalten so genannte „Nebenaktivitäten", das heißt je nach Herkunft und Extraktionsbedingungen weitere Enzyme, die über die Wirkung im Produkt entscheiden.

Die toxikologischen Probleme von Enzymen sind vielfältig und hängen in der Regel vom Herstellungsprozess ab. Viele Enzyme werden aus Schimmelpilzen, Bakterien oder den Drüsen von Schlachtvieh gewonnen, was zur Einschleppung von Mykotoxinen, Endotoxinen oder pathogenen Keimen führen kann. Da die biologisch aktiven Enzyme sehr schonend behandelt werden müssen, ist die Gefahr einer Verunreinigung höher als bei anderen Produkten. Als reaktive Eiweiße bergen sie ein deutliches allergenes Potential, das nicht immer durch eine Erhitzung ausgeschaltet wird.

1100 Amylasen

Sie werden aus Bakterien, Schimmelpilzen und Bauchspeicheldrüsen von Schlachttieren gewonnen. Einsatz zur Herstellung von Schnaps, Glucosesirup und Fruchtsäften. In Gebäck und Brot verzögern sie das Altbackenwerden. Dafür werden vor allem hitzestabile Präparate eingesetzt. Das bedeutet für den Verbraucher ein gewisses allergenes Potential. Amylasen stehen unter dem dringenden Verdacht, die Entstehung des Bäckerasthmas, einer häufigen Berufskrankheit der Bäcker, zu begünstigen. Ursache ist die Inhalation des Mehlstaubes: Wird die Lunge von den Enzymen angegriffen, reagiert das Immunsystem auf die Eiweiße des Mehles. Amylasen werden auch Waschmitteln zugesetzt.

Bewertung: *Hitzestabile Amylasen bedeuten für den Verbraucher ein vermeidbares allergenes Risiko. Inzwischen werden die Enzyme* *den Backmischungen für Bäcker in immobilisierter Form zugesetzt, so dass sie nicht mehr stauben. Dadurch geht die Zahl der Neuerkrankungen an Bäckerasthma allmählich zurück.*

1101 Proteasen

Zur enzymatischen Gewinnung von „Würze" bzw. HVP (siehe S. 172), zum Zartmachen von Fleisch und zur Klärung von Getränken. Bei Keksen und Crackern entspannen und erweichen Proteasen die Teige, was eine Verkürzung der Knetzeit bedeutet. Sie verbessern die Mürbheit und sorgen für ein verpackungsgerechtes Maß.

***Proteasen** verflüssigen das Getreideeiweiß in der Waffelmasse und machen diese dadurch pumpfähig.*

Käse wurde früher mit dem enzymreichen Magensaft (Lab) von Kälbern dickgelegt, in den siebziger Jahren folgten Proteasenextrakte aus Mikroorganismen, und seit 1990 wird diese Kälbermagen-Protease sogar gentechnisch hergestellt (Chymosin).

Einige Proteasen eignen sind auch als „Killer-Enzyme" bzw. „Anti-Enzyme", deren Aufgabe darin besteht, andere Enzyme auszuschalten. Damit können schädliche Wirkungen von Mikroorganismen unterbunden werden, die mit ihren eigenen Enzymen das Lebensmittel schädigen. Das Bräunen geschnittener Äpfel wird von apfeleigenen Enzymen (Polyphenoloxidasen) hervorgerufen. Mit einem Killer-Enzym bleiben sie genauso hell wie nach einer Behandlung mit Sulfit (siehe Seite 37).

E 1103 Invertase

Natürliches Vorkommen in Honig oder Speichel. Für Lebensmittelzwecke aus Hefen wie *Candida utilis* gewonnen. Verhindert in süßen Füllungen wie Marzipan, Likörpralinen oder Fondant das Auskristallisieren von Zucker während der Lagerung. In diesem Falle ist die Anwendung ausnahmsweise deklarationspflichtig. Wichtig zur Gewinnung von Traubenzucker aus Stärke bzw. Fruchtzucker und zur Herstellung von Kunsthonig, der heute beschönigend „Invertzuckercreme" heißt.

Dominosteine
Bleiben dank Invertase weich und saftig

Alginatlyase

Schleimkontrollmittel, gewonnen aus *Sphingobacterium multivorum*. Spaltet Alginate (E 400 bis E 405) und erlaubt damit auch ihre Modifizierung für neue Anwendungen.

AMP-Desaminase

Wandelt Adenosinmonophosphat (AMP), ein natürlicher Bestandteil aller Lebewesen, in den Geschmacksverstärker Inosinmonophosphat (E 630 bis E 633) um. Auf diese Weise wird er nicht zugesetzt und das Produkt kann entsprechend beworben werden.

Bewertung: Bei Auslobung „ohne Zusatz von Geschmacksverstärkern" eine politisch gewollte Verbrauchertäuschung.

Amyloglucosidasen

Dienen in Kombination mit Amylasen zur Verflüssigung von Restbrot und sonstigen Überbleibseln der Bäckerei. Die Stärke wird in Glucosesirup umgewandelt, der als Süßungs- und Bräunungsmittel wieder verschiedenen Backwaren zugegeben werden kann. Verbessern bei tiefgefrorenen Teigen den Hefetrieb.

Asparaginase

Soll Verbrauchern Essensängste nehmen. Gewonnen aus dem Schimmelpilz *Aspergillus niger*. Asparaginase baut Asparagin ab, aus dem angeblich krebserregendes Acrylamid entstehen kann. Glücklicherweise sind Acrylamidspuren für den Menschen unbedenklich. Schließlich begleitet es uns seit der Nutzung des Feuers zur Herstellung von Nahrung, also seit etwa einer Million Jahren. Acrylamid ist giftig für Ratten und Mäuse, die aber nur selten zündeln. Sie sind im Gegensatz zum Menschen deshalb auch nicht an Substanzen angepasst, die durch Feuer entstehen.

Bewertung: Grober Unfug, den die Verbraucher den Verbraucherschutzorganisationen verdanken.

Cellulasen

Von *Aspergillus*- oder *Trichoderma*-Arten erzeugt. Cellulasen bauen Cellulose (Hauptbestandteil von Papier) zu Traubenzucker ab. Zusammen mit Pectinasen wird Obst und Gemüse zur Herstellung von Säften und Nektaren totalverflüssigt. Dabei erhöht sich der Gehalt an „natürlichem" Zucker, womit sich ein Zusatz von vergleichsweise teurer Saccharose erübrigt. Dieser wurde dann auch für Fruchtsäfte verboten - Verbraucherschützer verbuchten diese Posse als Triumph.

Bewertung: *Das, was früher als Pressrückstand an Tiere verfüttert wurde, kann heute ganz legal in ein Süßungsmittel verwandelt und als „fruchteigene Süße" beworben werden. Eine geschickte Verbrauchertäuschung, die den Beifall der Verbraucherschützer gefunden hat.*

Es war einmal

Historische Saftpresse. Heute wird das Obst mittels Enyzmen totalverflüssigt.

Collagenasen

Werden aus den inneren Organen von Krabben gewonnen. Sie helfen, Kaviarkörner unverletzt aus dem klebrigen Bindegewebe herauszulösen. Andere Collagenasen dienen als Zartmacher für Fleisch.

Cyclodextringlucanotransferasen

Diese Enzyme werden von einem genveränderten *Bacillus licheniformis* erzeugt. Damit lässt sich Traubenzucker (Glucosesirup) zu ringförmigen Cyclodextrinen (E 459, S. 136) verknüpfen.

Cyclodextrine sind für die Lebensmittelwirtschaft unverzichtbar, auch wenn sie gewöhnlich nicht deklariert werden, da sie vor allem dazu dienen, Zusatzstoffe, insbesondere Aromen, zu verkapseln. Das „Verpacken" von Omega-Fettsäuren in Cyclodextrine unterdrückt den unangenehmen Fischgeschmack.

Der Reifeverzögerer Methylcyclopropen (siehe S. 179) wird ebenfalls in Cyclodextrine eingeschlossen. Sobald das Pulver mit Wasser in Berührung kommt, wird der Wirkstoff aus seinen Käfigen freigesetzt.

1102 Glucoseoxidase

Siehe S. 61

Glycosidasen

Geschmackloses Obst muss nicht sein. Die Aromastoffe von Obst und Obstprodukten entstehen aus geschmacksneutralen Substanzen, die von den unreifen Früchten gebildet wurden. Doch vielfach werden sie nicht mehr von der Frucht selbst in Aromastoffe umgewandelt. Der Zusatz von Glycosidasen zu Saft oder Most lässt Säfte und Weine vollmundiger schmecken.

Katalasen

Enzyme, gewonnen aus Schimmelpilzen (*Aspergillus*), seltener aus Bakterien oder Rinderlebern. Zur Entfernung von überschüssigem Wasserstoffperoxid (z. B. in Molkereien zur Desinfektion der Anlagen und der Milchtüten vor dem Befüllen verwendet, siehe S. 52).

Dunkel ist des Treibens Sinn - ein Glas Katalase

In Verbindung mit Glucoseoxidase (siehe S. 61) konserviert Katalase Eiprodukte und Mayonnaisen.

Lactoperoxidase

Tötet durch die Bildung von Sauerstoffradikalen viele Mikroorganismen ab. Deshalb Bestandteil unseres Immunsystems und zugleich Konservierungsmittel für Milch, Softeis und Pastetenfüllungen.

Lipasen

Lipasen werden von gentechnisch optimierten Schimmelpilzen (*Aspergillus oryzae)* erzeugt. Sie spalten Fette; dadurch entstehen im Produkt Emulgatoren, die z. B. in der Bäckerei die Teigeigenschaften verbessern. Bei Nudeln erhöhen sie die Bissfestigkeit und verhindern das Kleben beim Warmhalten in der Großküche. Bewährt zur Gewinnung von „natürlichen" Butter- und Käsearomen und zur Entfettung von Eiweiß. Vorteilhaft zur Herstellung von Kakaobutterersatzfetten, Säuglingsnahrung und MCT-Fett.

Lipoxygenasen

Aus *Escherichia coli* oder Sojamehl gewonnen. Zum Bleichen von Mehlen, da sie die natürlichen Carotinoide der Mehle zersetzen. Dabei werden auch ungesättigte Fettsäuren zu unerwünschten Peroxiden abgebaut. Wichtig für Toastbrot und Brötchen. Daneben Verbesserung von Teigfestigkeit, Volumen und Krumenbeschaffenheit. Auch zur Herstellung von Aromen: Dabei werden Linolsäure oder Linolensäure vermittels einer Lipoxygenase in eine Hydroperoxyfettsäure umgewandelt. Durch Zugabe weiterer Enzyme wie Hydroperoxidlyasen entsteht typischer Pilzgeschmack.

E 1105 Lysozym

Siehe S. 51

Pektinasen

Unverzichtbar zur Herstellung von Fruchtsäften, Nektaren, Wein oder Gemüsemark. Pectinasen zersetzen das Stützgewebe von Obst und Gemüse und erhöhen so die Ausbeute. Häufig in Verbindung mit Cellulasen eingesetzt. Bestandteil des Enzymkomplexes zum Schälen von Zitrusfrüchten. Dadurch sehen Mandarinen aus der Dose besser aus als selbst geschälte. Daneben wichtig zur Gewinnung von Aromen. Im Rahmen einer Nebenreaktion entsteht Methanol, das vor allem bei Säuglingskost (Karottenbrei etc.) nicht erwünscht ist.

Wie aus dem Ei gepellt

Mandarinen, glatt wie ein Kinderpopo dank einer Behandlung mit Pektinasen.

Bewertung: *Die Verwendung von Enzympräparaten, die Methanol freisetzen, sollte zumindest für Säuglingskost ausgeschlossen sein.*

Pentosanasen

Bei zu trockener Getreidernte liefert Roggen kleine Brote mit bröckeliger Krume. Pentosanasen machen sie wieder saftig. Bei Weißbrot wird die Krume mürber, weicher und wirkt dadurch länger frisch.

Phospholipasen

Eine große Gruppe von Enzymen, die Lecithine und verwandte Substanzen zerlegen. Wichtig zur Raffination von Ölen. Traditionell werden die Phospholipide (sog. Schleimstoffe) durch Zugabe von Wasser und Citronensäure aus den Rohölen abgetrennt. Inzwischen werden die Öle enzymatisch mit Phospholipase A_2 entschleimt. Andere Phospholipasen dienen der Herstellung von funktionalen Emulgatoren (siehe E 322, Seite 77), mit neuen technischen Eigenschaften.

Phytasen

Natürlicher Inhaltsstoff von Getreide, der bei der Fermentation des Teiges aktiviert wird. Phytasen setzen aus dem unerwünschten Phytin des Kornes das Phosphat frei, was die Bekömmlichkeit von Brot erhöht. Industriell werden Phytasen aus Schimmelpilzen wie *Aspergillus niger* gewonnen.

Bei der Fütterung von Schweinen und Geflügel ist dieser Zusatz bereits Standard. Dadurch wird der Phosphorgehalt des Futters für die Tiere bioverfügbar. Das verringert die Phosphatfracht der Gülle und verbessert die Ökobilanz. Zugleich erhöhen Phytasen auch die Bioverfügbarkeit von Zink. Phytin wird dabei zu Inositol abgebaut, das seinerseits einen Wachstumsfaktor darstellt. Auch zur Herstellung von Tofu wird ein Phytasezusatz erwogen.

Bewertung: *Der Einsatz von Phytasen in der Nutztierhaltung ist ökologisch vorteilhaft. Bei Lebensmitteln sollten zuerst die lebensmitteleigenen Phytasen durch traditionelle Verarbeitungstechniken (Fermentation, Keimung) genutzt werden, da dies ganz allgemein den Gehalt an unerwünschten Abwehrstoffen senkt.*

Transglutaminasen

Sie ermöglichen das enzymatische Kleben: So erhält man aus kleinen Fleischteilchen Formfleisch-„Steaks" und aus Fischbrei Surimi (siehe S. 174) für Krabbenimitate. Bei Brühwürstchen und Hamburgern verbessern sie Bissfestigkeit und Geschmack. Wichtig zur Herstellung cremiger Joghurts aus Magermilch, die dadurch „sahniger" schmecken. Im Brotteig stabilisieren Transglutaminasen den Kleber, der den Teig zusammenhält, in Tofu erhöhen sie die Haltbarkeit.

Bewertung: *Da Transglutaminasen gern verwendet werden, um teurere Rohstoffe vorzutäuschen, plant die EU eine Deklarationspflicht.*

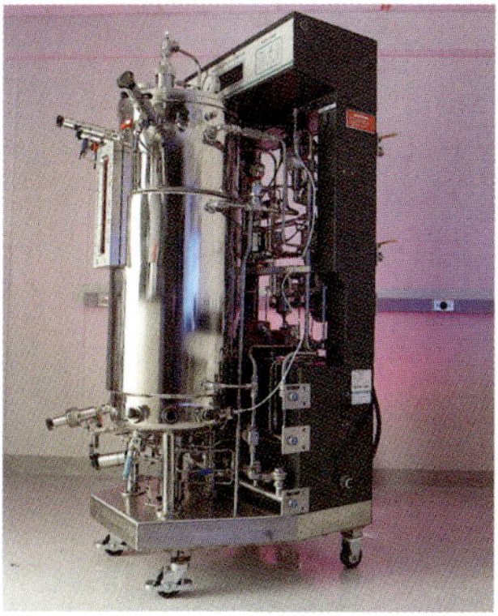

***Bioreaktor,** wie er auch zur Herstellung von Enzymen benutzt wird.*

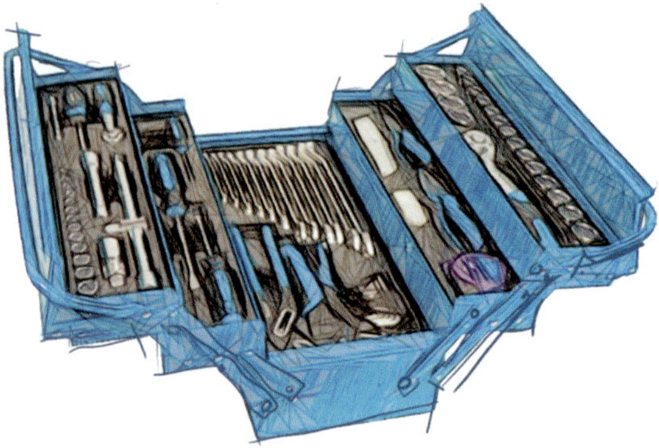

Funktionale Additive

Da Zusatzstoffe immer mehr ins Kreuzfeuer der Kritik geraten, sucht die Lebensmittelwirtschaft nach Alternativen, um der Kundschaft E-Nummern-freie, „saubere Etiketten" (Clean Label) präsentieren zu können. Dabei werden die Funktionen von Zusatzstoffen durch Lebensmittelbestandteile ersetzt. Nicht selten werden diese vorher mit allerlei Kunstgriffen modifiziert. Dadurch ist es möglich, in der Zutatenliste scheinbar „natürliche Lebensmittel" auszuweisen, obwohl gezielt Produkte mit Zusatzstoffcharakter zugesetzt wurden. So lässt sich beispielsweise ein Zusatz an Geschmacksverstärkern geschickt verschleiern. Zugleich kann eine angemessene toxikologische Prüfung umgangen werden. Mehr zu den funktionalen Additiven, dem modernen Werkzeugkasten der Hersteller, ab S. 205.

Mikropartikuliertes Eiweiß

Eiweiß, vor allem aus Milch, wird unter Druck in winzigste Kügelchen von einigen Tausendstel Millimeter verpresst. Dadurch kann unsere Zunge die einzelnen Partikel nicht mehr unterscheiden und nimmt einen gleitenden Film wahr. Dies erzeugt ein cremiges, fettiges Mundgefühl. Auf diesem Wege lässt sich fettarmen Milchprodukten oder Speiseeis der Geschmack von Sahne verpassen.

Der Zusatz von mikropartikuliertem Eiweiß ist für den Verbraucher nur schwer erkennbar, da es mit unverfänglichen Begriffen wie „Milcheiweißerzeugnis" deklariert werden kann.

Bewertung: *Legale Verbrauchertäuschung. Fettarme Light-Produkte provozieren die Gegenregulation des Körpers, was eine Gewichtszunahme zur Folge haben kann.*

Lactose

Milchzucker wird vielen Produkten zugesetzt, in denen man ihn nie erwarten würde: In Dosenobst verbessert Milchzucker das Mundgefühl und die Kaueigenschaften, bei Fruchtfüllungen wie Apfeltaschen die Haltbarkeit, Gemüse im Glas bleibt knackiger. In Schinken maskiert Lactose den bitteren Geschmack des Phosphatzusatzes, in Trockengemüse wirkt sie als Farbstabilisator. In Soßenpulver oder Salatdressings dient Milchzucker als billiger Füllstoff und in Würzzubereitungen wirkt er als Geschmacksverstärker.

Da einige Menschen Lactose aufgrund ihrer genetischen Veranlagung nicht vertragen und mit heftigen Durchfällen reagieren, wird ihr Zusatz zunehmend kritisch gesehen.

Bewertung: *Fragwürdiges Streckmittel. Aufgrund der relativ häufigen Lactosemalabsorption (etwa 10 Prozent der erwachsenen einheimischen Bevölkerung in Deutschland, bis zu 80 Prozent bei Zuwanderern aus dem Süden) ist Lactose als Zusatz für alles und jedes indiskutabel.*

Selbst bei Milchprodukten ist eine Extraportion Lactose mit Skepsis zu betrachten. Denn die traditionellen Verfahren in den Molkereien sorgten früher dafür, dass der Gehalt an Lactose minimiert wurde, wodurch viele Menschen mit Lactosemalabsorption diese Milcherzeugnisse in begrenzter Menge genießen konnten.

Glucosesirup

Ein Spezialzucker, der aus Weizen- oder Maisstärke gewonnen wird. Dabei wird Stärke, die aus einer langen Kette von Traubenzucker-Einheiten besteht, enzymatisch mit Amylasen und Amyloglucosidasen (siehe S. 155, 157) in kürzere Abschnitte zerlegt. Mit ein bisschen Geschick lassen sich die Eigenschaften der Glucosesirupe passgenau für den Einsatzzweck schneidern. Stärkeabschnitte mit vier oder fünf Traubenzuckern ergeben Maltodextrine; trennt man den Traubenzucker paarweise ab, erhält man Malzzucker (Maltose) und komplett zerlegt gibt's reinen Traubenzucker.

__Glucosesirup__ ist unverzichtbar zur Herstellung von Süßwaren. In Verbindung mit echtem Zucker (Saccharose) lassen sich Süße, Konsistenz und Mundgefühl in einem weiten Bereich variieren.

Diese Zucker haben unterschiedliche technologische und geschmackliche Eigenschaften. Traubenzucker schmeckt süßer als Maltose. Maltodextrine hingegen sind geschmacksneutral. Bei Tiefkühl-Desserts erlaubt dies die Kontrolle des Gefrierpunkts: Glucosesirupe senken den Gefrierpunkt der Soßen stärker ab als normaler Zucker im Eismix. Dadurch fühlen sie sich im Mund schon flüssig an, während das Eis noch fest ist. So entsteht gefrorene Eiscreme mit fruchtiger Soße.

RTK

Rektifiziertes Traubenmostkonzentrat (RTK) lautet das süße Geheimnis der Winzer, wenn sie Wein „ohne Zuckerzusatz" herstellen. Viele Betriebe verzichten auf den traditionell zugesetzten Rübenzucker (Chaptalisierung). Stattdessen greifen sie zum RTK, meist italienischer Herkunft, um den Alkoholgehalt ihres Getränkes zu erhöhen.

Es handelt sich um einen hellgelben Zuckersirup, gewonnen aus Traubensaft. Dazu werden Säuren und Phenole mit Kalk und Casein abgetrennt, die Mineralstoffe im Saft durch Ionenaustauscher entfernt. Vor der Rektifizierung wird er stummgeschwefelt. Der Schwefel reagiert während der Verarbeitung weiter zu Sulfat. Das Endprodukt ist empfindlich und verändert sich während der Lagerung. RTK wird auch für Ökowein verwendet. Durch die Zulassung will die EU die Überschüsse an Weintrauben entsorgen. Eine Deklaration findet nicht statt.

Bewertung: *Da mit dem Sirup nicht nur Süße sondern auch Wasser zugegeben wird, eine fragwürdige Praxis. Da ist Kristallzucker nicht nur reiner sondern auch reeller ...*

HFCS

Durch Umwandlung von Traubenzucker (siehe Glucosesirup) in Fruchtzucker lässt sich so genannter HFCS (high fructose corn syrup) herstellen. Diese Mischung aus Frucht- und Traubenzucker schmeckt noch süßer als der uns vertraute Haushaltszucker und erfreut sich deshalb wachsender Beliebtheit.

Da in den USA Limonaden und Cola mit HFCS gesüßt werden, wurde er wiederholt mit kindlichem Übergewicht in Verbindung gebracht. Der Zusammenhang ist jedoch fraglich. Bei Prüfung der Daten zeigt sich immer wieder, dass der Effekt auf dem Konsum von süßstoffhaltigen Getränken beruht, die den „Zuckerlimos" zugerechnet wurden.

Fructose

Fruchtzucker wird vermutlich niemand in einer Zusatzstoffliste erwarten. Aber es sind die gleichen Gründe wie bei der Lactose, die für eine Aufnahme in die Liste sprechen. Erstens wird Fructose zunehmend als funktionales Additiv verwendet und zweitens gibt es Menschen, deren Verdauungstrakt bei einem Fructoseüberschuss mit ähnlichen Symptomen reagieren wie bei einer Lactosemalabsorption: Es kommt zu Blähungen und Durchfällen.

Hergestellt wird Fructose aus Glucosesirup bzw. HFCS. Als Zusatz zu Marmeladen und Desserts intensiviert Fructose den Fruchtgeschmack und verlängert die Haltbarkeit. In süßen Backwaren mit „Soft-Biss" dient Fructose als Feuchthaltemittel. Bei Eiscreme verbessert sie die Formbarkeit und bei Snacks fördert sie die Expansion beim Austritt aus dem Extruder.

Thrombin & Fibrinogen

sind natürliche Bestandteile des Blutes. Ihre biologische Aufgabe im lebenden Tier besteht darin, bei Verletzungen das Blut gerinnen zu lassen. Das aus dem Blut von Schlachtvieh gewonnene Kombipräparat erlaubt es, kleinere Fleischstücke miteinander zu verkleben. Dadurch erhält man nicht nur „Formfleisch-vorderschinken" sondern auch wie gestanzt aussehende Steaks. Das Präparat erhöht die Wasserbindung, die Produkte sind saftiger. Die Lebensmittelbehörde der EU (EFSA) hatte den Kombikleber durchgewunken, das EU-Parlament seine Zulassung im letzten Moment verboten. Das funktionale Additiv gibt es seit Jahren für alle wichtigen Sorten von Fleisch, egal ob Rind, Schwein und Huhn, ja sogar für Fische oder Hummer. Dazu muss das Präparat aus der jeweiligen Tierart gewonnen werden. Der Einsatz ist kaum kontrollierbar. Bisher wurden zum Verkleben meist Transglutaminasen (siehe S. 161) verwendet.

Bewertung: *natürlicher und harmloser Bestandteil jedes Steaks und jedes Brathuhns. Der Zusatz eignet sich allerdings auch zur Täuschung des Verbrauchers, wenn er nicht deklariert wird. Im Vergleich zu den mikrobiellen Transglutaminasen die „natürlichere" Lösung.*

Rosmarinextrakt

Meist handelt es sich nicht um einen würzigen Kräuterauszug sondern um mehr oder weniger stark gereinigte Carnosolsäure (E 392) ohne ausgeprägten Eigengeschmack. (Siehe Seite 59).

Bewertung: *Was der Verbraucher beim Lesen der Zutatenliste für „Salatkräuter" hält, ist in Wahrheit ein Zusatzstoff zur Verlängerung der Haltbarkeit.*

Malzextrakt

Der Rohstoff ist Malz, also angekeimtes und anschließend getrocknetes Getreide. Dabei wird die Stärke im Mehlkern durch getreideeigene Enzyme gespalten, so dass Dextrine und die süßlichere Maltose entstehen. Gleichzeitig wird das Eiweiß in kleinere Bruchstücke bzw. freie Aminosäuren umgewandelt. Durch Zugabe von Pflanzenhormonen (Gibberelline) lässt sich der Keimprozess deutlich verkürzen. Beim anschließenden Rösten entstehen durch Reaktion der Maltose mit den Aminosäuren Farb-, Geschmacks- und Aromastoffe (z. B. Maltol). Je nach Keimbedingungen und Darrtemperatur erhält man unterschiedliche Produkte wie Malzmehl, Malzextrakt oder Farbmalz.

Malzextrakt ist ein zähflüssiger, hell- bis dunkelbrauner Sirup aus Gerstenmalz mit hohem Gehalt an Malzzucker (Maltose). Er verbessert die Bräunung und das Aroma von Brötchen. Traditionelle Backzutat. Malzmehl ist oft ein Spezialprodukt („diastatisches Malzmehl"), mit einem hohen Gehalt an getreideeigener Amylase („Diastase"). Sie baut die Stärke des Teiges zu Glucose ab. Das beschleunigt die Gärung und spart Zeit.

Bewertung: *Traditioneller Rezepturbestandteil. Die Enzyme des diastatischen Malzextraktes rufen im Gegensatz zu den mikrobiell erzeugten Enzymen offenbar keine allergischen Reaktionen hervor.*

Farbmalz

Farbmalz ist ein gering verzuckertes, stark geröstetes Malz (ähnlich dem Malzkaffee), bei dem nach dem Vermahlen die bitteren Röstprodukte teilweise entfernt wurden. Der Extrakt dient zur Färbung dunkler Brot- und Biersorten. Es entspricht dem deutschen Reinheitsgebot („Reinheitsgebots-Farbe"). Da traditionell hergestelltes dunkles Braumalz teurer ist, wird von den Brauereien helles Malz verwendet und dann nachgefärbt. Zur Herstellung siehe Malzextrakt.

Bewertung: *Inakzeptabel; solange der Zusatz nicht konsequent als „Farbstoff", bzw. Brot und Bier als „gefärbt" deklariert werden. Der Hinweis „Farbmalz" oder „ein dunkles Bier aus hellem Malz" reichen nicht aus.*

Gluten

Bei der Herstellung von Stärke aus Weizen fallen erhebliche Mengen an Weizeneiweiß (Gluten) an. Dies wird entweder als Viehfutter, als Rohstoff zur Herstellung von Würze (siehe Seite 172) oder als Backmittel verwendet. Gluten stabilisiert und verfestigt die Teige. Deshalb wichtiger Zusatz für Brötchen und andere Backwaren.

Nachgemachtes Geflügelfleisch

aus Gluten, manchmal auch als „Seitan" bezeichnet. Durch Zugabe von Glutamat oder „Würze" sowie Reaktionsaromen lässt sich auch noch der Geschmack imitieren. Der Mensch ist bekanntlich ein Allesfresser.

Gluten wird neuerdings auch zu Fleischersatz verarbeitet, wodurch dem Körper besonders große Mengen zugeführt werden. Bei empfindlichen Menschen löst Gluten Zöliakie aus, eine äußerst unangenehme Darmerkrankung, die seit Jahren immer mehr an Bedeutung gewinnt. Dies ist vermutlich auch dem vermehrten Einsatz von nativem Gluten zur Herstellung von Lebensmitteln geschuldet.

Bewertung: *Obwohl es sich um einen natürlichen Inhaltsstoff eines Grundnahrungsmittels handelt, ist Gluten alles andere als gesundheitlich neutral. Durch die traditionelle Führung von Teigen mit Mikroorganismen wurden die darin enthaltenen Eiweiße in harmlose Bruchstücke zerlegt. Ein Zusatz von Gluten ist deshalb ebenso problematisch wie der Zusatz von Lactose (siehe S. 163), einem wichtigen natürlichen Bestandteil der Milch. Besonders fragwürdig ist das Verabfolgen von nachgemachtem „Fleisch" aus Gluten vor allem in Kindergärten.*

Milcheiweiß

Milch ist ein Rohstoff wie Erdöl, aus der sich Kunststoffe, ja sogar Elfenbein- oder Perlmutt-Imitate herstellen lassen. Um das Eiweiß zu gewinnen, wird die pasteurisierte Milch mit Salz-, Schwefel- oder Milchsäure versetzt, um die Caseine auszufällen, also jene Eiweiße, aus denen traditionell Käse oder Quark hergestellt wurden. Durch einen Zusatz von Natronlauge oder Calciumhydroxid wird das geronnene Casein wieder löslich. Entfernt man anschließend das Calcium mittels Ionenaustauscher, erhält man einen vorzüglichen Emulgator. In Mayonnaise und Eis sorgt er für einen cremigen Mix. In Wurst verhindern bestimmte Milchpräparate die Bil-

Historisches Butterfass

Butter wurde einst mit Muskelkraft gewonnen. Das Ergebnis war zwar nicht hygienisch aber stets „natürlich" - sofern die Milch nicht mit Mehl, Gips oder Kälberhirn gestreckt worden war - oder die fertige Butter mit Unschlitt.

dung eines unschönen Fettfilms. Ihre bindenden Eigenschaften erlauben es, den Wassergehalt von Formfleisch und Wurst zu erhöhen.

Je nach Weiterbehandlung gibt's immer wieder andere funktionale Additive. Auf diesem Wege lässt sich unter Umgehung der traditionellen Käserei sogar „Käse" für Pizzaauflagen imitieren. Joghurt wird durch funktionale Milcheiweiße stichfest. Bei entsprechender Bearbeitung bilden Caseine und Molkeneiweiße ähnlich gute Schäume wie Eiklar („Eischnee"). Damit lässt sich in Desserts Hühnerei ersetzen. In Surimi verbessern sie als Gelbildner die Textur und bei Snacks die Formbarkeit bei der Extrusion. Auf dem Etikett heißen diese Zusatzstoff-Imitate schlicht „Milchprodukt" oder auch „Milcheiweißerzeugnis".

WPC

Whey Protein Concentrate ist ein Spezialprodukt der Molkereiwirtschaft, das gern als „Milcheiweißerzeugnis" deklariert wird. Hintergrund sind gewaltige Mengen an Molke, die in den Käsereien anfallen und die früher an Schweine verfüttert wurden. Auf der Suche nach lukrativerer Nutzung wurde die Molke in neuartige Zusatzstoffe umgearbeitet.

Durch Membrantrennverfahren ist es möglich einzelne Eiweißbestandteile – je nach Molekülgröße – aus der Molke herauszufischen, um diese anschließend zu modifizieren. Je nach Methode erhält man Spezialeiweiße, die in Eiscreme für Gefrier-Tau-Stabilität und Formbeständigkeit sorgen, bei Low-fat-Pro-

Moderner Milchzerlegebetrieb

Hygienisch top - und ohne jede Körperkraft betrieben. Nur der Hersteller weiß, was bei den Separatoren, den Anlagen zur Umkehrosmose und Mikrofiltration, den Ionenaustauschern usw. wirklich herauskommt.

dukten wie Emulgatoren wirken, oder Gele bilden und damit in Desserts die Gelatine ersetzen.

Bewertung: *Unklar. Aufgrund der vielfältigen technischen Möglichkeiten ist es erforderlich jeden Einzelfall zu prüfen.*

Gelatine

Rohstoffe sind schlecht verwertbare Teile von Tieren wie Knochen, Schwarten oder Rinderspalthäute, also die Unterseiten der Felle, die übrigbleiben, wenn die Lederindustrie ihren Teil abgetrennt hat. Die Häute werden gesäubert, zerkleinert und mit Natronlauge oder Kalkmilch monatelang eingeweicht. Schließlich wird mit Salzsäure neutralisiert. Um das Eiweiß zu festigen, wird mit Aluminium- oder Zinksulfat nachgespült. Jetzt kann die Gelatine mit heißem Wasser herausgelöst werden. Der Extrakt wird filtriert und mit Zentrifugen und Ionenaustauschern gereinigt und schonend getrocknet.

Knochen werden mit Schwefeliger Säure gewaschen, die Fleisch- und Fettreste mit Heißdampf entfernt, und dann in einer Hammermühle zerkleinert. Nun wird das Knochenfett extrahiert, dann das Phosphat mit Salzsäure ausgelaugt. Das gelöste Phosphat holt man mit Kalkmilch aus der Lake. Die Auswaschung der Gelatine erfolgt unter Säurezugabe. Danach wird gereinigt und getrocknet.

Relativ neu ist die Verwertung gefrorener Schwarten. Da heute Schweine sehr jung geschlachtet werden, ist ihr Bindegewebe noch elastisch und gut löslich. Die zerkleinerten Schwarten werden mit Heißwasser entfettet und mit Salz-, Phosphor- oder Schwefelsäure eingeweicht. Neutralisiert wird mit Natronlauge. Nun lässt sich die Gelatine mit heißem Wasser herauslösen. Verwendung nicht nur für Sülze, Tortenguss und Gummibärchen sondern auch als Klärmittel für Säfte und Wein (auch bio).

Bewertung: *traditionelles Produkt, bei sachgemäßer Herstellung sinnvolle Nutzung von Knochen und Schwarten.*

Hefeextrakt

Die Anzucht der Hefe (meist *Saccharomyces cerevisiae* oder *Candida utilis*) erfolgt in einem Bioreaktor meist auf Melasse unter Zugabe von Nährsalzen wie Ammoniumphosphat, sowie Vitaminen, Wuchsstoffen und Schaumverhütern. Nach der Ernte wird die Hefe dabei mit Säure, Lö-

sungsmitteln (wie z. B. Äthylacetat), Ultraschall etc. behandelt, damit sie abstirbt und sich selbst auflöst (Autolyse). Die hefeeigenen Enzyme bauen das Eiweiß und die Nukleinsäuren in den Zellen ab, wodurch reichlich Glutamat, aber auch geschmacksverstärkende Ribonukleotide freigesetzt werden. Durch einen Zusatz von Enzymen zum Hefebrei wird der Zellsaft aus den Zellen freigesetzt und kann als Extrakt gewonnen werden. Sind die Zellwände noch im fertigen Produkt enthalten, spricht man von einem Hefeautolysat.

Hefeprodukte hatten früher einen gravierenden Nachteil: den typischen Geschmack nach Hefe. Inzwischen werden Hefeextrakte und Autolysate angeboten, die frei von einer Hefenote sind und als reine Geschmacksverstärker wirken.

Durch gezielte Manipulation der Produktionsbedingungen lassen sich neue Geschmacksrichtungen „einbauen". Die Lebensmittelindustrie kann heute zusätzlich zwischen „Rindersuppe", „Brathuhn" oder „Gemüsebrühe" wählen, obwohl die Produkte nie mit dem namensgebenden Rohstoff in Berührung gekommen sind. Da es sich lebensmittelrechtlich nicht um einen „E-Stoff" handelt, werden Produkte mit Hefeextrakt gerne mit dem Hinweis „ohne den Zusatzstoff Glutamat" beworben.

Bewertung: *Echter Hefeextrakt ist ein bewährtes Würzmittel mit typischem Hefegeschmack. Wenn er aber erst nach Abtrennung des Hefegeschmacks zur Geschmacksverstärkung zugesetzt wird, handelt es sich aus unserer Sicht um eine Verbrauchertäuschung.*

Beachte:** **Seit viele Verbraucher wissen, dass „Hefeextrakt" nur „Glutamat in Grün" ist, werben einige Hersteller mit der Deklaration „ohne Zusatz von Hefeextrakt", und setzen wieder reines Glutamat zu. Um die Täuschung des Verbrauchers perfekt zu machen, verschleiern sie den Zusatz mit dem Begriff „Aroma". Um einer lebensmittelrechtlichen Beanstandung zu entgehen, wird das Glutamat mit allerlei Aromastoffen vermischt.

Ohne die „Würze" aus Erbsenmehl *von Julius Maggi und Carl-Heinrich Knorr gäbe es heute wohl keine Fertigsuppe. Hier eine Portion Nudelsuppe Geschmacksrichtung „Huhn".*

Würze, Speisewürze

100 Jahre lang wurde Eiweiß nach dem Verfahren von Julius Maggi mit Salzsäure (E 507) hydrolysiert und anschließend mit Natronlauge (E 524) bzw. Natriumbicarbonat (E 500) neutralisiert. Dabei entstand als Nebenprodukt aus dem Natrium der Lauge mit dem Chlorid der Salzsäure Kochsalz. Inzwischen setzen sich biotechnologische Verfahren durch: Statt Säure verwenden die Hersteller Enzyme (Proteasen, siehe Seite 156) aus Mikroorganismen, die das Eiweiß ebenfalls in kleine Bruchstücke zerlegen. Ein wichtiges Produkt dieser Art ist HVP - siehe das nachfolgende Stichwort.

Für „gekörnte Brühe" wird das Hydrolysat gefiltert, mit Aktivkohle (E 153) entfärbt und getrocknet. Für „Flüssigwürze" wird es mit Zuckercouleur (E 150a–d) dunkelbraun eingefärbt und für „Brühwürfel" mit Fett verklebt.

Ihren typischen Geruch und Geschmack nach Fleischbrühe verdanken sie nicht einem Zusatz von Liebstöckel („Maggikraut", *Levisticum officinale*). Vielmehr sind dafür die bei der Zersetzung von Eiweiß entstandenen Peptide, Aminosäuren und weitere Abbauprodukte verantwortlich. Besonders interessant für den Hersteller: Würze enthält bis zu 25 Prozent Glutamat sowie Guanylate und Inosinate (E 626 – 635), ihres Zeichens ebenfalls Geschmacksverstärker. Deklaration: „Würze" oder „Aroma".

Geschmacksneutrale Hydrolysate dienen zum Verfälschen von Wurst und Schinken, um den Wassergehalt zu erhöhen. Hydrolysate auf der Basis von Molke sind die Grundlage vieler Sportlerdrinks.

Bewertung: *Begriffe wie „Würze" oder „Aroma" für einen Geschmacksverstärker sind legalisierte Verbrauchertäuschung. Dreist wird diese Täuschung, wenn derartige Produkte auch noch mit dem Hinweis „ohne den Zusatzstoff Glutamat" beworben werden.*

HVP

Die Abkürzung steht für Hydrolysed Vegetable Protein, also für „Würze" auf pflanzlicher Basis. Als Rohstoff dienen gewöhnlich Weizen-, Mais- und Reiskleber (Gluten), die bei der Herstellung von Stärke oder Glucosesirup anfallen. Beliebt sind auch die Extraktionsrückstände der Sojaölgewinnung, die Expeller, die vor allem zur Schweinemast genutzt werden. Sie werden enzymatisch gespalten und durch weitere Verfahren wie Ultrafiltration oder enzymatische Entbitterung modifiziert. Siehe Stichwort „Würze".

Tomatenserum

Tomatenmark ist bekanntlich so beliebt, weil darin von Natur aus etwas Glutamat enthalten ist. Das brachte pfiffige Technologen auf die Idee, bei der Herstellung von Tomatenkonzentrat das austretende Serum so aufzuarbeiten, bis sie einen geschmacksverstärkenden Extrakt erhielten. Wenn der Geschmacksverstärker als „Tomatenextrakt" deklariert wird, glauben viele Verbraucher, sie würden „Tomate" kaufen. Dabei schmeckt er gar nicht nach Tomate.

Die Versuchung, eventuelle Defizite im Tomatenserum durch Zugabe von billigem Glutamat („Standardisierung") auszugleichen, ist naturgemäß sehr groß, ein analytischer Nachweis beinahe aussichtslos.

Bewertung: *Eine unerfreuliche Form der Verbrauchertäuschung.*

Flüssigrauch

Der technische Fortschritt erspart der Fleischwirtschaft das seit Jahrtausenden übliche, monatelange Räuchern von Wurst oder Schinken in dünnem, kaltem Rauch. Flüssigrauch wird bei der Holzkohleherstellung gewonnen. Dabei entsteht ein beißender Rauch, der durch ein Wasserbad geleitet wird. Von dieser Rauchlösung scheidet sich eine Teerphase ab, die einen Großteil der schädlichen Begleitstoffe, wie etwa das krebserregende Benzpyren, enthält. Der verbleibende, gereinigte Extrakt verströmt ein intensives Raucharoma.

Geräucherter Schinken?
Vielleicht auch nur etwas heiß gebadet - und zwar in flüssigem „Rauch". Das Etikett darf's verschweigen.

Erfunden wurde der Flüssigrauch per Zufall bei der Rauchgasreinigung von Industrieschloten. Da niemand wusste, wohin mit dem „Waschwasser", ließ man es in alten Fässern herumstehen. Dabei trennte sich die wässrige Lösung mit den Aromastoffen vom gesundheitsschädlichen Teer. Dem Flüssigrauch fehlt allerdings die konservierende Wirkung der tradionellen Kalträucherung.

Bewertung: *Bei korrekter Herstellung sind Flüssigräuche gesundheitlich unbedenklich. Dennoch stellt eine Auslobung von aromatisierten Fleisch- und Fischprodukten mit „Raucharoma" aus unserer Sicht eine Irreführung dar, da der Kunde zuerst an eine ordnungsgemäße Räucherung denken wird.*

Surimi

Surimi ist das japanische Wort für ein Imitat aus Fischfleisch. Hergestellt wird es aus grätenfreiem, gespültem, ausgepresstem und gegartem Fischmus. Dieses wird mit Gefrierstabilisatoren wie Phosphat oder Milchzucker stabilisiert, so dass die Masse noch an Bord der Fangschiffe tiefgefroren werden kann. Die Verarbeitung erfolgt dann später an Land. Heute wird Surimi vorwiegend aus Alaska-Pollock hergestellt. Versetzt mit Farbstoffen, Verdickungsmitteln und Aromen lassen sich täuschend echt edle Krustentiere wie Shrimps oder Langusten imitieren.

Bewertung: *Lohnende Methode, um Fischeiweiß haltbar zu machen, wenn Kühlmöglichkeiten fehlen. Die Deklaration „Surimi" allerdings setzt voraus, dass der Verbraucher inzwischen Japanisch versteht.*

Dreimal darf der Kunde raten
Welche Fischarten haben sich hier als Krabbenfleisch verkleidet?

E 426 Sojabohnen-Polyose

Ein funktionales Additiv, das erfreulicherweise eine E-Nummer trägt und einer Zulassung unterworfen wurde. Es handelt sich um ein raffiniertes Polysaccharid, das aus Sojaschalen - ein Abfallprodukt der Futtermittelindustrie - extrahiert und anschließend raffiniert wurde.

E 426 hat viele Funktionen: In Joghurtdrinks stabilisiert es das Milcheiweiß gegenüber der Säure, ver-

Schalen der Sojabohne

und damit Grundstoff der Polyose. Ein anschauliches Beispiel, was bei ausgiebiger Forschung aus scheinbar wertlosen Abfällen an High Tech-Produkten „herausgeholt" werden kann.

bessert die Emulgierung und sorgt für ein cremigeres Mundgefühl. Wichtiger Gefrier-Tau-Stabilisator (vor allem für Backwaren), erlaubt die Herstellung von mikrowellengeeigneter Tiefkühlware. Bei Instantnudeln sind kürzere „Koch"-Zeiten möglich. Zugleich gutes Trennmittel: Verhindert die Klebrigkeit von Reis und Nudeln, was einerseits in der Großküche eine verlängerte Warmhaltung erlaubt, andererseits die sensorischen Eigenschaften von Schnellkochprodukten verbessert.

Bewertung: *Während das essbare Sojaöl bereits zu Biodiesel verarbeitet wird, und der ungenießbare Rückstand, das Sojaeiweiß im Futtertrog der Schweine landet, wurde es Zeit endlich auch die Schalen zu nutzen. Der neue Zusatzstoff ist eine zukunftsweisende Form der Verwertung für Speisezwecke.*

Lactoferrin

Lactoferrin ist sowohl in der Kuh- als auch in der Muttermilch enthalten und schützt Kälbchen wie Säugling vor Infektionen, indem es freies Eisen bindet. Damit entzieht es den Mikroorganismen einen essentiellen Nährstoff, sodass sie sich nicht mehr vermehren können. Es handelt sich damit um ein Konservierungsmittel. Lactoferrin stimuliert zugleich die Bifidoflora im Darm.

Gewonnen wird Lactoferrin aus Molke, die etwa drei Prozent davon enthält. Bisher gilt Lactoferrin nicht als Zusatzstoff, sondern als so genanntes funktionales Additiv, das beispielsweise als „Milcheiweiß" deklariert werden kann.

Bewertung: *Sinnvolles Konzept zur Haltbarmachung, allerdings sollten Patienten mit Eisenmangel einen häufigen Konsum vermeiden.*

Sonstige Zusatzstoffe

Neben den bisher dargestellten Substanzen und Mixturen gibt es eine Vielzahl weiterer Zusätze, die zu keiner der bisher genannten Stoffklassen gehören, wie Schaumverhüter, Klärmittel, Feuchthaltemittel, Mehlbehandlungsmittel, Markierungsmittel oder Kaumassen.

Hier folgt eine kleine Auswahl häufig verwendeter oder oftmals nachgefragter Substanzen. Juristisch zählen nicht alle zu den Zusatzstoffen, aber sie können ihnen vernünftigerweise zugeordnet werden, wie beispielsweise Methylcyclopropen oder Benzyladenin.

E 445 Glycerinester aus Wurzelharz

Ausgangsstoff der Synthese ist Kolophonium (auch Geigenharz genannt), also der gelblichbraune Rückstand der Terpentinölgewinnung. Terpentinöl wird aus drei verschiedenen Rohstoffen durch Destillation oder Extraktion erzeugt. Entweder ritzt man Bäume an, deren austretendes Harz eingesammelt wird (Balsamharz), oder zerkleinert die Wurzelstöcke gefällter Kiefern und extrahiert sie (Wurzelharz), oder man destilliert Tallöl, das bei der Papierherstellung oben aufschwimmt es (Tallharz).

Lebensmittelrechtlich ist zurzeit nur die Verwendung „alter Kiefernstümpfe" erlaubt. Zur Herstellung von Glycerinestern werden die Harzsäuren des Kolophoniums mit Glycerin (E 422) verestert und nicht selten gleichzeitig mit Wasserstoff (E 949) hydriert. Die Hydrierung ist in diesem Falle ein Verfahren, das trotz seiner verbreiteten Anwendung zur Herstellung von Margarine, bei E 445 lebensmittelrechtlich nicht zulässig ist. Eine Kontrolle der feinsinnigen Vorschriften ist am Endprodukt schwierig bis aussichtslos.

Traditionell als Kaumasse für Kaugummi verwendet, heute als Trübungsmittel und Weighting Agent für Getränke bzw. Getränkearomen, außerdem zur Verbesserung der Haftung und des Glanzes von Überzugsmitteln. Hier jedoch nur für Zitrusfrüchte zulässig. Daneben Verwendung für Klebstoffe, Salben und Pflaster. Es wird eine hautreizende sowie allergene Wirkung durch die Verwendung in Pflastern diskutiert.

Bewertung: *Mangels Daten ist eine abschließende Bewertung nicht möglich.*

E 520 Aluminiumsulfat

E 521 Aluminiumnatriumsulfat

E 522 Aluminiumkaliumsulfat

E 523 Aluminiumammoniumsulfat

Aluminumsulfate sind Alu-Salze der Schwefelsäure, die als Stabilisatoren, Festigungsmittel und Fällungsmittel eingesetzt werden: z. B. zur Vorbehandlung von Eiklar vor dem Erhitzen, zur Festigung von essbaren Kunstdärmen, zur Behandlung von glasiertem Obst und Gemüse sowie zur Herstellung von Farblacken. Außerdem zur Trinkwasseraufbereitung, um die Klärung zu beschleunigen. Da Aluminium als eine Ursache von Alzheimer diskutiert wird, ist nur die Anwendung als technischer Hilfsstoff vertretbar, bei der – wie bei der Klärung von Trinkwasser – keine nennenswerten Restmengen im Produkt verbleiben.

Bewertung: *Aluminiumverbindungen sind als Zusatzstoffe aufgrund des dringenden Verdachts neurotoxischer Wirkungen in Lebensmitteln unerwünscht. Eine Aufnahme im Darm wird in Gegenwart von Citronensäure (E 330), Glutamat (E 620) oder Maltol (636) erleichtert.*

550 Natriumsilikate

Hemmen in Verbindung mit Natronlauge (E 524) oder Natriumcarbonat (E 500) die Korrosion von Trinkwasserleitungen. Früher zur Konservierung von Eiern im Haushalt benutzt, weil sie die Poren der Eischale verschließen.

E 558 Bentonit

Tonmineral (Montmorillonit), das beispielsweise in Bayern (Mainburg, Thannhausen) abgebaut wird. Schönungsmittel (Klär- und Filterhilfsstoff) für Fruchtsäfte und Wein. E 558 ist eine Sonderform des Aluminiumsilikates E 559. Im Gegensatz zu den meisten Silikaten quillt Bentonit in Wasser auf. Ein Gramm hat eine innere Oberfläche von 500 m^2. Dadurch lassen sich Trubstoffe, Eiweiße, Bitterstoffe, Schadstoffe (z. B. biogene Amine) aus Getränken entfernen. Die gute Absorption hat E 558 auch einen festen Platz in Katzenklos und Kosmetika gesichert.

Bewertung: *Als technischer Hilfsstoff vorteilhaft. Allerdings erfordern natürliche Verunreinigungen wie Arsen im Rohstoff Montmorillonit eine regelmäßige Kontrolle.*

E 900 Dimethylpolysiloxan

Schaumverhüter, wichtig bei vielen industriellen Prozessen, z. B. beim Pökeln: Die Pökellake, die zum Umröten von Schinken mit Nadeln eingespritzt wird, schäumt bei modernen Hochgeschwindigkeitsinjektoren. Hier schaffen Schaumbekämpfungsmittel ebenso Abhilfe wie beim Umpumpen von Frischmilch in der Molkerei, in Frittierölen oder bei der Herstellung von Marmelade, Zucker, Bäckerhefe, Wein, Gelatine, Kaugummi, Instantkaffee, Kartoffelprodukten, Tiefkühlerbsen, Konfekt, Milchprodukten, Suppen und Fruchtsäften. Eine Deklaration ist in aller Regel nicht erforderlich.

E 920 L-Cystein
E 921 Cystin

E 920 ist ein Mehlbehandlungsmittel. Als „Antischnurrmittel" für Keksteige erlaubt es eine präzise Einstellung von Form und Größe bei Keksen und erleichtert somit eine automatische Verpackung. Dem Bäcker ermöglicht es die Aufarbeitung überalterter Teige. Daneben dienen beide Stoffe zur Herstellung von Reaktionsaromen. Cystein/Cystin wurden früher aus Menschenhaaren gewonnen, heute werden sie gentechnisch vom Darmbewohner *Escherichia coli* erzeugt. Trotz seines verbreiteten Einsatzes ist eine Deklaration im fertigen Lebensmittel praktisch nie erforderlich. Die Verwendung von E 921 als Backmittel wurde mittlerweile untersagt.

E 1202 Polyvinylpolypyrrolidon (PVPP)

Kunststoff (Polyamid), der zum Klären und Stabilisieren von Wein und Bier (im Einklang mit dem deutschen Reinheitsgebot) verwendet wird. Er bindet neben Fehlaromen und Schadstoffen auch unerwünschte Polyphenole (z. B. Tannine), die Nachtrübungen verursachen können. PVPP wird anschließend mit Filtern oder Separatoren

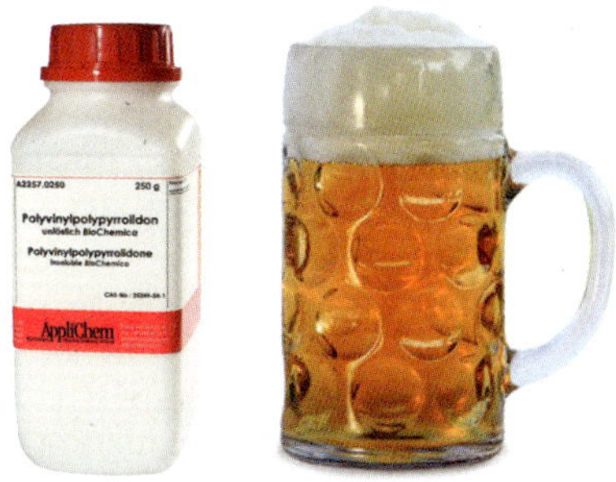

Bier wird durch PVPP erst schön,

denn E 1202 macht es noch reiner als die reine Natur es erlauben würde.

weitgehend wieder entfernt. Daneben Trägerstoff für Nahrungsergänzungsmittel und Süßstofftabletten.

Bewertung: *Als technischer Hilfsstoff durchaus akzeptabel - aber bitte nicht zusammen mit scheinheiligen Sprüchen vom bayerischen Reinheitsgebot. Es kommt eben doch mehr ins Bier als nur Wasser, Hefe, Hopfen und Malz.*

Methylcyclopropen

Diesem Stoff verdanken wir das wachsende Sortiment an exotischen Früchten in den Supermärkten. Um die Reifung zu verzögern, wird das Obst mit Methylcyclopropen (1-MCP) behandelt. 1-MCP stoppt den Alterungsprozess für 12 Tage. Das reicht für den Transport in den Supermarkt. 1-MCP ist so wirksam, dass es bald nach seiner Erstzulassung im Jahre 2002 auf der ganzen Welt eingesetzt wurde. Inzwischen wird versucht, Obstbäume damit einzusprühen, um die Früchte noch unreif ernten zu können. Es wird in Form von Cyclodextrinen (E 459, siehe S. 136) angewendet.

Bewertung: *Substanzen wie dieser verdanken wir das breite Angebot an Obst; inzwischen importieren wir viermal so viele Früchte wie Deutschlands Obstbauern ernten.*

Benzyladenin

Zur Frischhaltung von Gemüsen, insbesondere von Brokkoli während der Lagerung. Angesichts der Globalisierung des Handels verlieren nationale Rechtsvorschriften an Bedeutung. Da in unseren Breiten kein ganzjähriges Angebot an wirklich frischem Obst und Gemüse möglich ist, bestimmen die Regeln der Lieferländer und die Preisvorstellungen unserer Einkäufer das Angebot. Daneben dient Benzyladenin auch in Deutschland zur Fruchtausdünnung. Die verbleibenden Äpfel am Baum werden dann größer.

Bewertung: *Da müssen wir wohl in den großen Apfel beißen...*

Butadien-Styrol-Copolymerisate

Kunststoff, als Kaumasse für Kaugummis verwendet. Ansonsten zur Herstellung von schlagfestem Polystyrol. Mengenmäßig weltweit wichtigster Synthesekautschuk.

Dammar-Harz

Harz der südostasiatischen Dammarbäume (meist der Gattungen *Shorea*, *Balanocarpus* oder *Hopea*), mit Lösungsmitteln gereinigt. Geeignet als Überzugsmittel (Obst), Trübungsmittel (Getränke) und Konservierungsmittel. Verwendung als Kaubase von Kaugummi. Es ist unklar, ob der Stoff zugelassen ist oder nicht, da in der Zusatzstoffverkehrsverordnung eine Zulassung für Gutta (Chicle) besteht und damit theoretisch auch Dammar-Gutta gemeint sein könnte.

Mastix

Harz des immergrünen Mastixbaumes (*Pistacia lentiscus*), der auf den trockenen Böden der griechischen Insel Chios gedeiht. Nach der Trocknung erhält man erbsengroße gelblich-grüne Klümpchen von bitter-würzigem Geschmack. Seit Jahrtausenden in Gebrauch, unter

Mastix
Ein klares Harz, das nach dem Einritzen der Rinde austritt. Pro Baum werden bis zu 100 Schnitte angebracht.

anderem zum Konservieren von Wein. Traditioneller Grundstoff der Kaumasse von Kaugummis. Wirkt antibakteriell.

Polyvinylester der unverzweigten Fettsäuren

Kunststoff, als Kaumasse für Kaugummis verwendet. Ansonsten Grundstoff für Dispersionsfarben, Antidröhnmassen und Klebstoffe.

Stigmasterin

Stigmasterin ist ein Kennzeichnungsmittel für Butterschmalz, um Subventionsbetrug zu erschweren. Sein Zusatz ist vorgeschrieben. Stigmasterin kommt als natürlicher Inhaltsstoff in Fetten (Kakaobutter, Sojaöl) vor und ist mit Cholesterin eng verwandt. Deshalb wird es als harmlos eingestuft.

Aktivkohle

Entfärbe- und Desodoriermittel zur Abtrennung unerwünschter Begleitstoffe, wie Fehlgerüchen, Verfärbungen, Pestiziden, Arzneimitteln und sonstigen Verunreinigungen aus Saft, Wodka, Wasser, Weißwein, Speiseölen oder Extrakten. Auch als medizinische Kohle bei Vergiftungen und Durchfällen bewährt.

Herstellung wie Pflanzenkohle (siehe E 153), dann Zusatz von „Aktivierungssalzen" wie Zinkchlorid und Phosphorsäure. Danach wird das Material gedämpft, ausgewaschen und strukturiert. Das führt zur Bildung von Mikroporen, die die Absorptionsleistung gegenüber normaler Pflanzenkohle etwa verzehnfachen. Im Schnitt hat ein Gramm Aktivkohle eine innere Oberfläche von 1000 m^2. Nach der Verwendung kann die Aktivkohle durch Extraktion regeneriert werden oder sie wird mit den absorbierten Schadstoffen verbrannt.

Bewertung: *Sinnvoller technischer Hilfsstoff, der bereits viel Gutes für die menschliche Gesundheit bewirkt hat.*

Verbotene Zusatzstoffe

Immer wieder werden zugelassene Stoffe nach jahrelanger Nutzung verboten. In vielen Fällen sind dabei gesundheitliche Risiken ausschlaggebend. Doch oft genug geht es dabei auch um wirtschaftliche Interessen. Erfahrungsgemäß werden Stoffe dann als unbedenklich eingestuft, wenn der Hersteller seinen Sitz im Land der Zulassungsbehörde hat. Falls nicht, werden „ungeklärte Restrisiken" angenommen.

Durch die Globalisierung verlieren nationale Regularien ihre Bedeutung. Nicht nur, weil Rohstoffe, Halbfabrikate und fertige Lebensmittelkompositionen global gehandelt werden, sondern auch weil sich viele Menschen längere Zeit in anderen Ländern aufhalten und dort die einheimische Kost samt ihrer landestypischen Zusätze genießen. Diese Rubrik bietet eine kleine Auswahl an Substanzen, die in Deutschland amtlich zugelassen waren, nun aber verboten sind. Durch das Verbot haben sie auch ihre E-Nummer verloren, zur Erinnerung an die Zulassung werden ihre E-Nummern hier noch angeführt.

E 128 Rot 2 G

Farbstoff: rot

Azo-Farbstoff, der im Körper zu fragwürdigen Metaboliten wie z. B. Anilin abgebaut wird. War bisher aufgrund britischer Verzehrsgewohnheiten nur für dortige Hackfleischerzeugnisse und Frühstückswürstchen zugelassen. Damit waren diese Produkte auch in Deutschland verkehrsfähig. Diese Zulassung wurde von der EU im Jahre 2007 aufgrund toxikologischer Bedenken widerrufen. Derzeit besteht in der EU nur noch eine Zulassung für Kosmetika, allerdings nur für solche, die nicht mit den Schleimhäuten in Berührung kommen.

E 154 Braun FK

Farbstoff: gelblich-braun

Eine Mixtur diverser färbender Azo-Verbindungen. Tierversuche ergaben Hinweise auf eine Schädigung von Leber und Herz. Zugleich wurden fast alle Organe mit einem unbekannten Stoffwechselprodukt gefärbt. War nur für die britische Fischspezialität „Kippers" (geräucherte Heringe) zugelassen. Offensichtlich sollte durch die Zulassung den Briten das EU-Recht schmackhafter gemacht werden. Inzwischen EU-weit verboten.

E 236 Ameisensäure

Konservierungsmittel

Sie wird von Ameisen und von Brennnesseln als Abwehrstoff verwendet. Von Natur aus auch in vielen Lebensmitteln wie Lebkuchen oder Fruchtsäften in geringer Dosis enthalten. Ameisensäure wurde zur Konservierung von Obsterzeugnissen, milchsaurem Gemüse und Krabben genutzt. Sie entsteht auch im menschlichen Körper z. B. beim Abbau von Methanol, das im Verdauungstrakt aus Pektin (E 440) freigesetzt wird. In niedriger Dosis unbedenkliches Konservierungsmittel.

Das Verbot erfolgte 1998. Allerdings ist sie weiterhin - und ganz legal - in Gebrauch: In der Lebensmittelindustrie als Desinfektionsmittel z. B. für Bierfässer. In der Landwirtschaft zur Konservierung von Silage sowie zur Bekämpfung der Varroatose, einer Bienenkrankheit. A. wird in der konventionellen wie in der biologischen Imkerei eingesetzt.

E 237 Natriumformiat
E 238 Calciumformiat

Konservierungsmittel

Salze der Ameisensäure. Während die freie Säure ätzend wirkt und Nase, Augen, Haut und Kunststoff angreift, verwendet man lieber die stabilen, kristallinen Formiate, die gefahrlos zu handhaben sind. Konservierend wirken sie allerdings erst wieder im sauren Milieu, also als Ameisensäure.

E 216 Propyl-p-hydroxybenzoat

E 217 Natriumpropyl-p-hydroxybenzoat

Konservierungsmittel

Zwei der zahlreichen PHB-Ester. (Siehe S. 41) Im Tierversuch verursachte E 217 bei Rattenmännchen eine Abnahme der Spermien.

E 230 Biphenyl

Konservierungsmittel

Pilztötendes Pestizid für Orangen und Zitronen, das von der EU als Nacherntebehandlungsmittel verboten wurde. E 230 verursachte in den Herstellerwerken Todesfälle. Da es als Pestizid weiterhin in den Orangenplantagen erlaubt ist, können dennoch Rückstände vorhanden sein. Früher waren vor allem die Einwickelpapierchen damit imprägniert. Weil Biphenyl leicht verdunstet, genügte eine eingewickelte Orange, um das ganze Netz vor Schimmel zu schützen.

E 540 Calcium-Diphosphate

Für diese speziellen Phosphate wurde inzwischen die Zulassung zur Lebensmittelherstellung widerrufen. Es darf nur noch für Hunde- und Katzenfutter verwendet werden. (zugelassene Phosphate siehe S. 88)

Dulcin

Süßstoff

Dulcin wurde nach Saccharin als zweiter synthetischer Süßstoff entdeckt. Seine Süßkraft liegt 70 bis 350 mal höher als Zucker. In Deutschland von 1939 bis 1973 zugelassen. Musste dann aber wegen Nierenschäden und Tumorbildung wieder fallengelassen werden. Dulcin reagiert außerordentlich leicht zu einem Nitrosamin, welches bei Zimmertemperatur zu explosionsartigem Verpuffen neigt. 1976 wurde Dulcin auch in Futtermitteln verboten.

Bewertung: *Ersatzstoffe wie Süßstoffe hatten in Zeiten des Mangels (z. B. zu Beginn des 2. Weltkriegs) verständlicherweise Hochkonjunktur. Dulcin sollte den schmerzlich empfundenen Mangel an Zucker vorübergehend vergessen helfen. In kargen Zeiten sind Fragen nach möglichen Nebenwirkungen eher nebensächlich.*

Buttergelb

Farbstoff: gelb

Buttergelb hatte sich in toxikologischen Tests als harmlos erwiesen. Ratten schieden den Farbstoff nach dem Verfüttern unverändert, schnell und vollständig wieder aus. Lediglich in einer absurd hohen Einzeldosis entwickelten die Nager Leberkrebs.

Dies nahm der Freiburger Toxikologe Hermann Druckrey zum Anlass, den scheinbar harmlosen Stoff in lauter kleinen Einzeldosen zu verfüttern - so wie er ja auch vom Menschen mit seinen Lebensmitteln aufgenommen wird. Auch diesmal kam es zur Bildung monströser Lebertumoren, und zwar genau dann, wenn nach Monaten jene Gesamtdosis erreicht war, die auch als Einzeldosis diesen Effekt hatte. Allerdings war der Stoff zu diesem Zeitpunkt längst ausgeschieden. Man spricht deshalb von einem Summationsgift.

Bei einem Summationsgift wird nur die Wirkung im Körper addiert aber nicht der Stoff. Es handelt sich also um das Gegenteil eines Giftes wie Lindan oder Dioxin, die sich als Substanz im Körper anreichern. Druckrey wies an diesem Stoff noch einen weiteren toxikologischen Effekt nach: Die „Verstärkerwirkung der Zeit". Denn auch bei der halben Gesamtdosis traten Tumore in der Leber auf - allerdings erst nach der doppelten Wartezeit.

Monobromessigsäure

Konservierungsmittel

Ursprünglich als Tränengas entwickelt, fand es um 1935 Eingang in die Lebensmittelherstellung. Beliebt war früher der Zusatz zu Säften, französischem Wein und deutschem Bier. Der letzte illegale Großeinsatz wurde 1985 in bayerischen Reinheitsgebots-Brauereien aufgedeckt. Ziemlich giftiger Stoff, der lange Zeit schwer nachweisbar war.

Malachitgrün

Farbstoff: grün

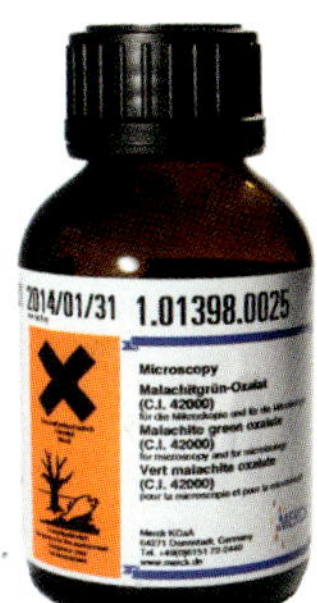

Die Grenzen zwischen Lebensmittel-Zusatzstoffen und Arzneimitteln waren immer fließend (vgl. Natamycin, E 235 oder Hexamethylentetramin, E 239). Ein solcher Fall ist auch das Malachitgrün, ein Triphenylmethan-Farbstoff, der bis in die jüngste Vergangenheit in Deutschland im Einsatz war - allerdings längst nicht mehr zum Färben von Speisen oder Textilien, sondern als Arzneimittel für Fische. Seine Wirkung gegen Pilze und Parasiten ist bis heute unerreicht. Aufgrund der schlechten Abbaubarkeit seit einigen Jahren in der EU für Speisefisch verboten. Derzeit offenbar nur noch zum Einfärben von grünen Osternestern verwendet.

Formaldehyd

Konservierungsmittel

Nach seiner Entdeckung vor allem zur Konservierung von Milch verwendet - meist mit dem Desinfektionsmittel Wasserstoffperoxid gemischt. Später wurde Formaldehyd in Deutschland zum Konservieren von Kunstdärmen genutzt. Durch einen Zusatz von Formaldehyd zum Eis, mit dem Frischfisch gekühlt wurde, ließ sich dessen Haltbarkeit um knapp eine Woche verlängern.

In Spuren ist Formaldehyd von Natur aus in vielen Lebensmitteln enthalten. Derzeit ist lediglich noch Hexamethylentetramin (E 239) als Formaldehydabspalter zugelassen. Aufgrund seiner vielfältigen Reaktionen mit Eiweißen nicht mehr als Zusatzstoff geeignet.

p-Chlorbenzoesäure

Konservierungsmittel

Kam meist als Natriumsalz zur Anwendung. Zunächst zur Konservierung von Säften und anderen Obstprodukten genutzt, später auch zur Haltbarmachung von Fischprodukten. Biochemisch verhält sich die Chlorbenzoesäure ähnlich wie Benzoesäure.

Methyleugenol

Aromastoff

Methyleugenol ist ein wichtiger Bestandteil des natürlichen Basilikumaromas; erhebliche Mengen werden synthetisch hergestellt und vorzugsweise für Kosmetika verwendet.

Tierversuche weisen auf ein ernsthaftes Risiko hin. Vergleichsweise geringe Mengen - die sich in der gleichen Größenordnung bewegen, wie sie auch Liebhaber von Basilikum oder Pesto aufnehmen können - erwiesen sich als krebserregend. Gleich bei mehreren Versuchstierarten traten im ganzen Körper Tumore auf, vor allem aber in der Leber. Bei Anlegen üblicher Maßstäbe ist diese Substanz als Aromastoff nicht vertretbar, ja sogar der Konsum von Basilikum müsste untersagt werden. Zum Vergleich: Der wegen eines Krebsverdachtes verbotene Waldmeister ist selbst bei Anlegen strenger toxikologischer Maßstäbe eindeutig harmloser als Basilikum. Der Gesetzgeber hat sich hier für eine sinnvolle Lösung entschieden: Methyleugenol wurde als Aromastoff untersagt, nicht aber Basilikum - um die Zufuhr an Methyleugenol gering zu halten, ohne in traditionelle Ernährungsgewohnheiten einzugreifen.

Cumarin

Aromastoff

Vor Jahrzehnten wurde der beliebte Waldmeister wegen seines Gehaltes an Cumarin verboten. Selbstredend wurde auch die Verwendung von synthetischem Cumarin als Aromastoff untersagt. C. hatte sich bei der Ratte als krebserregend erwiesen. Vor wenigen Jahren geriet Cumarin erneut in die öffentliche Kritik. Anlass waren Zimtplätzchen, die mit Cassiazimt gewürzt waren - statt wie bisher mit Ceylonzimt. Während der Ceylonzimt frei von Cumarin ist, enthält der chinesische Cassiazimt nennenswerte Mengen.

Inzwischen wird die Lage etwas entspannter gesehen: Nicht nur, weil in Asien Cassiazimt seit alters als Gewürz genutzt wird. Auch reagieren die meisten Menschen auf Cumarin weit weniger empfindlich als Ratten; eine Umwandlung in den krebsfördernden Metaboliten findet so gut wie nicht statt. Zudem ist Cumarin in zahllosen weiteren Lebensmitteln wie in Erdbeeren oder Kirschen enthalten. Auch der typische Duft frisch gemähten Heus rührt daher.

Der Meister des Waldes

Nichts für Ratten und Mäuse. Für den Menschen offenbar unbedenklich - aber verboten.

Cumarin ist ein typisches Beispiel für einen Naturstoff, der im Tierversuch am Labornager Risiken erkennen lässt, und der gleichzeitig in vielen Kulturen seit langem in erheblicher Menge ein geschätzter Bestandteil der Alltagsküche ist. Fazit: Cumarin ist in höherer Dosis nichts für Ratten.

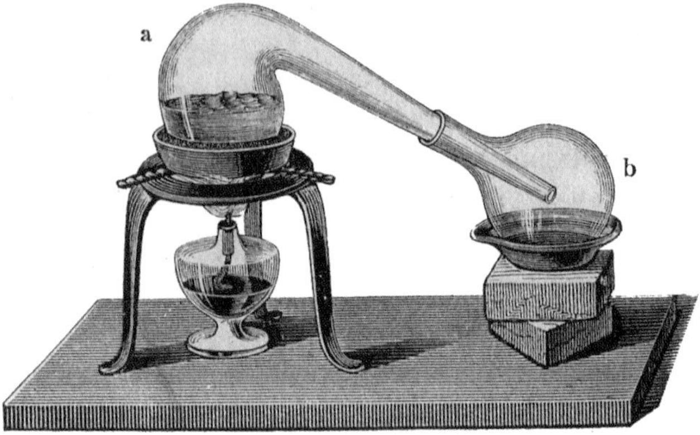

Historische Zusatzstoffe

Anbei eine kleine Auswahl an Zusätzen, die in früheren Zeiten verwendet wurden, als es noch kein Zusatzstoffrecht gab. Damals nahm man in Handwerk und Haushalt so ziemlich alles, was sich irgendwie zur Herstellung von Lebensmitteln eignete und Vorteile versprach. Es gibt wohl kaum ein Gift auf dieser Welt, das nicht auch als Zusatzstoff verwendet worden wäre.

Hin und wieder wurden spezifische Verbote ausgesprochen, wie von Bleizucker im Wein. Aber mangels geeigneter Untersuchungsmethoden genoss der Bürger kaum Schutz vor Panschereien. Dagegen vermochten auch drakonische Strafen nur wenig auszurichten. Erst die Entwicklung der Analytik, in diesem Falle der Lebensmittelchemie, ermöglichte ein wirksames Verbraucherschutzrecht.

Arsenikpräperate

Nahrungsergänzung

Dieses elende Rattengift dürfte weltweit das wichtigste Nahrungsergänzungsmittel gewesen sein. Viele haben es eingenommen, um an Ausdauer und Robustheit zu gewinnen. So die Arsenikesser im Alpenraum, die damit in der Lage waren, schwere Arbeiten besser zu ertragen. Auch die Zugtiere bekamen Arsenik ins Futter. Das Mittel hieß damals „Hüttenrauch“, weil es sich beim Erzrösten bildete. Später wurde es auch von Künstlern zur Steigerung der intellektuellen Leistungsfähigkeit konsumiert.

Den zweiten und weitaus bedeutsameren Einsatz hatte es in der Schönheitspflege. Noch 1927 beklagte der Pharmakologe Louis Lewin, dass nicht nur in Europa Arsenik von Frauen und Mädchen reichlich verbraucht würde, sondern auch in den USA. Es bewirkte ein blühenderes Aussehen und verhalf zu ansprechenden Fettpölsterchen, die damals nicht nur als schön, sondern auch als ein Zeichen von Gesundheit galten. Auch Pferdehändler päppelten damit ihre ausgemergelten Rosse auf. Arsenik war schlicht ein Mastmittel. Bisweilen wird es noch heute von Mästern genutzt.

Die dritte, breite Anwendung erfolgte in der Medizin. Unmengen an Arsenikpillen und arsenikhaltige Mineralwässern wurden zur Behandlung von Nerven- und Hautkrankheiten geschluckt. Derartige Wässer werden in einigen Länder dieser Welt nach wie vor geschätzt und genutzt. Zugleich erfreuen sich Arsenikpräparte in der traditionellen asiatischen Medizin bis heute eines regen Zuspruchs.

Bleimenninge

Farbstoff: rot

Einst wichtiger Farbstoff für Lebensmittel aller Art, später vor allem Färbe- und Beschwerungsmittel für Paprikapulver. 1977 und 1995 kam es dadurch in mehreren europäischen Ländern zu Massenvergiftungen, bei denen auch Todesfälle zu beklagen waren. Durch Verwendung des gepanschten Gewürzpulvers waren in Paprikawürsten bis zu 10 Gramm Blei pro Kilo enthalten.

Bleiweiß

Farbstoff: weiß

Bleicarbonat war in der Malerei zum Grundieren und zum Anstreichen von Zäunen beliebt. Auch in Schminke sorgte es für einen hellen Teint. Wichtige Kunden waren die

Bäcker, um ein helles - und damit besseres - Mehl vorzutäuschen und um gleichzeitig mit dem Schwermetall das Verkaufsgewicht zu erhöhen. Daneben zum Panschen von Wein beliebt. Dabei bildet sich giftiger Bleizucker.

Bleizucker

Süßungsmittel, Konservierungsmittel

Diese Spezialität kann auf eine jahrtausendelange Tradition zurückblicken. Bereits die Römer kochten sauren Most in Bleikesseln ein und erzeugten auf diesem Wege Bleiacetat. Bleiacetat schmeckt süß und konserviert - eine ideale Zutat zum Wein. Diese Praxis hat sich im Abendland lange gehalten. Erst mit der Hahnemannschen Weinprobe (1788) war es möglich, dieses Gift mit einfachen Mitteln zuverlässig aufzuspüren. In der Folge nahmen die damit verbundenen Volkskrankheiten wie Gicht (deshalb früher auch Bleigicht genannt) deutlich ab.

Diethylenglycol

Viskositätsregulator

Ein eher untypischer Zusatz, der es erst durch die Skrupellosigkeit österreichischer Winzer zu trauriger Berühmtheit brachte. Diethylenglycol wurde statt Glycerin in großem Stil zum Weinpanschen verwendet, um vollmundige Weine zu erzeugen. Der Stoff wurde offenbar gewählt, weil er so giftig ist, dass keine Lebensmittelüberwachung dieser Welt je danach gesucht hätte. In der Branche wird kolportiert, dass diese Praxis nach jahrelangem Missbrauch erst aufflog, als die Finanzbehörden bei der Lebensmittelüberwachung nachfragten, wozu man im Weinbau derart große Mengen dieses Giftes benötigen würde. Die Winzer hatten die Chemikalie auch noch steuerlich geltend gemacht.

Die Weintrinker hatten allerdings Glück im Unglück: Das Gegengift heißt Alkohol - und das war glücklicherweise reichlich mit dabei. Sonst wären die teilweise exorbitant hohen Zusätze in manch einer Flasche wohl tödlich gewesen.

Grünspan

Farbstoff: grün

Giftiges Kupferacetat war ein beliebter Farbstoff, insbesondere für eingelegtes Gemüse, vor allem Gurken und „grünen" Tee. Grünspan wurde in Weinbaugebieten hergestellt, indem man abwechselnd Kupferplatten und Weintrester aufschichtete und gären ließ. Dadurch bildete sich an der Oberfläche

Grünspan

Lässt man berühmte Persönlichkeiten zu lange im Regen stehen, können sie ziemlich giftig werden.

Grünspan, der abgekratzt wurde. Damit gefärbtes Gemüse war speziell für Kinder lebensbedrohlich. Die Kupfergrünung wurde in Deutschland erst nach dem Zweiten Weltkrieg verboten.

Kupfersulfat

grüner Farbstoff, Konservierungsmittel

Kupfervitriol. Blaue Kristalle, die sich jahrhundertelang bis in die jüngste Vergangenheit als Universalmedizin großer Beliebtheit erfreuten. Daher rührt auch die Verwendung im biologischen Landbau. In der Küche wurde Kupfersulfat vor allem beim Kochen von Gemüse und in der Industrie zur Herstellung von Gemüsekonserven bis Mitte des letzten Jahrhunderts verwendet. Das Kupfer im Kupfersulfat stabilisierte das Chlorophyll - exakt so, wie bei E 141 (kupferhaltige Komplexe der Chlorophylle und Chlorophylline, siehe S. 24).

Allerdings haben Kupfersalze auch eine ausgeprägte antibakterielle Wirkung, was sicherlich die Haltbarkeit vieler Produkte erhöhte und mutmaßlich auch Lebensmittelvergiftungen (wie Botulismus) vorbeugte.

Mumia vera aegyptiaca

Nahrungsergänzung

Mumienpulver mischten früher gesundheitsbewusste Mütter ihren Sprösslingen in den Brei. Ihm haftete der gleiche Ruf an wie heute den Vitaminsäften, die Kindern eingeflößt werden. Bis 1924 wurde das hochgeschätzte Leichenpulver in Deutschland gehandelt und von Ärzten und Apothekern empfohlen - sie konnten sich dabei sogar auf die Empfehlungen des Paracelsus berufen (1493-1541).

Hergestellt wurde das Produkt zunächst aus den geheimnisvollen ägyptischen Mumien, von denen die Kreuzfahrer berichtet hatten. Schließlich reichten die Gräber Ägyptens nicht mehr zur Stillung des Bedarfs einer gesundheitsbewussten Bevölkerung aus. So wurden Gefangene und Sklaven getötet, getrocknet, mit Pech imprägniert, eingewickelt und nach Europa verschifft. Italienische Apotheker fanden an dieser Idee Gefallen. Sie räucherten Leichen im Kamin und trimmten sie dann auf „Mumie".

Niemand weiß, welche Krankheiten auf diesem Wege auf die Lebenden übertragen wurden. Schon damals brauchten Kinder einen Schutzengel, um die Fährnisse der Gesundheitserziehung unbeschadet zu überstehen.

Pikrinsäure

Heute wird sie aufgrund ihrer Explosivität nur noch in Spezialverpackungen transportiert.

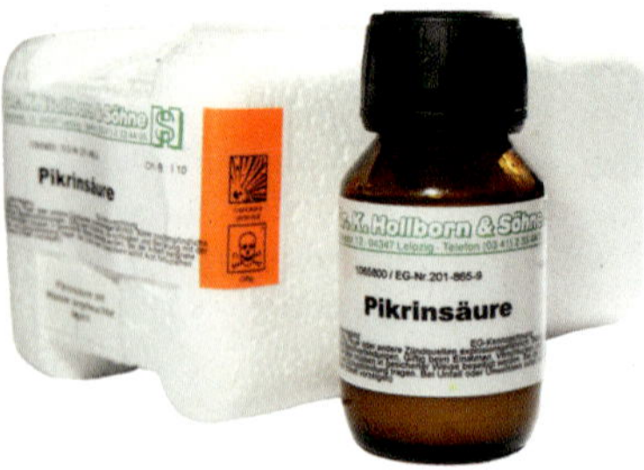

Pikrinsäure

gelber Farbstoff, Aromastoff

Gelber Farbstoff von bitterem Geschmack. Beliebt zum Panschen von Bier. Ziemlich giftige Substanz, verursacht Krämpfe, Schwindel und Nierenschäden. Tödliche Vergiftungen waren allerdings selten, da es vorher zum Erbrechen kommt.

Da der Farbstoff leicht explodiert, wurde er zusammen mit Nitroglycerin im ersten Weltkrieg für Granaten verwendet. War beliebt zum Färben von Textilien. Da der Stoff auch über die Haut aufgenommen wird, kam es zu Entzündungen. Dank seiner Giftigkeit wurde er von Ärzten zur Desinfektion genutzt und zum Abtöten von Bandwürmern verordnet. Heute dient Pikrinsäure vor allem zur Herstellung von Azo-Farbstoffen.

Salicylsäure

Konservierungsmittel

Bis Mitte des letzten Jahrhunderts eines der wichtigsten, weil wirksamsten Konservierungsmittel. Verwendung bis vor wenigen Jahren zur Haltbarmachung von eingelegten Oliven und anderen südländischen Spezialitäten vor allem in Griechenland.

In Deutschland nie für Lebensmittel zugelassen, weil gegen die Säure gesundheitliche Bedenken laut wurden. Dennoch wurde sie in deutschen Haushalten bis weit in die Nachkriegszeit zur Herstellung von Marmeladen genutzt. Zu diesem Zweck wurde sie entweder mitgekocht oder die Gläser mit dem eingekochten Obst wurden mit einem Pergamentpapier belegt, das mit einer salicylsäurehaltigen Alkohollösung getränkt worden war, und dann verschlossen.

Die Substanz wirkt schmerzlindernd und fiebersenkend. Sie ist verwandt mit dem Schmerzmittel Acetylsalicylsäure („Aspirin"). Nutzung der S. seit den Zeiten des Hippokrates. Damals in Form von Abkochungen aus Weidenrinde.

Samen der Brechnuss

Die etwa 2-Cent-Stück großen Samen des Krähenaugenbaumes enthalten das Nervengift Strychnin. Die sogenannten Nüsse sind botanisch Beerensamen.

Strychnin

Aromastoff, Nahrungsergänzung

Da stockbitter, Ersatzstoff für Hopfen im Bier. Noch vor 100 Jahren gehörte Strychnin in jede Hausapotheke und wurde als Medizin für alles und jedes verwendet, bis es schließlich als Nahrungsergänzungsmittel für Sportler erneut Karriere machte. Auch wenn es nur als Rattengift taugt, ist es wohl bis heute in einigen Weltgegenden Bestandteil traditioneller Medizin und taucht immer wieder als Streckmittel für Drogen und als Stärkungsmittel für Sportler auf.

Zinnober

Farbstoff: rot

Quecksilbersulfid - zum Färben von Cayennepulver, Schokolade, kandierten Früchten und Fischsaucen. Beim Erhitzen von Zinnober wird metallisches Quecksilber freigesetzt, dessen Dämpfe beim Einatmen besonders toxisch sind.

Georg Schwedt, *Lebensmittelchemiker*

Professor für Chemie, TU Clausthal

Verfälschungen und Analytik:
Ein uraltes Katz- und Maus-Spiel

So manch eine Panscherei aus früheren Zeiten lässt uns noch heute erschaudern. Doch parallel zu den Fortschritten in der Chemie konnten auch Lebensmittel genauer untersucht und die darin enthaltenen Verfälschungen erkannt bzw. nachgewiesen werden.

Die umfangreichen Untersuchungen von Joseph König (1843-1930), dem Begründer der Lebensmittelchemie in Deutschland, schufen die Grundlage für die moderne Qualitätsüberwachung von Lebensmitteln. Er veröffentlichte ab 1879 sein umfassendes Werk „Chemische Zusammensetzung der menschlichen Nahrungs- und Genussmittel". Im selben Jahr trat im Deutschen Reich auch das erste Nahrungsmittelgesetz in Kraft – Vorläufer der heutigen Gesetzgebung.

Bereits im frühen 19. Jahrhundert erschienen einige Werke, die sich mit Verfälschungen von Lebensmitteln beschäftigten. Von dem aus Deutschland gebürtigen Friedrich Accum (1769-1838) stammt das Werk „von der Verfälschung der Nahrungsmittel und von den Küchengiften, oder von den betrügerischen Verfälschungen des Brodes, Bieres, Weins, der Liqueurs, des Thees, Kaffees, Milchrahms, Confekts, Essigs, Senfs, Pfeffers, Käse, Olivenöls, der eingelegte Gemüse und Früchte und anderer in der Haushaltung gebräuchlichen Artikel, und von den Mitteln, dieselben zu entdecken" – zunächst in Englisch, 1822 auch in deutscher Sprache erschienen. Er berichtet darin u.a. über die „Gefährliche Schwängerung des Weines mit Blei", über die „Verfälschung des Brodes mit Alaun" und auch über „Droguisten und Würzhändler, die von 1812-1819 gerichtlich belangt und überführt worden sind, gesetzwidrige Ingredienzien an Brauer zur Verfälschung des Bieres verkauft zu haben". Er veröffentlicht ein „Verzeichniß von Würzhändlern, die vom Anwald der Accise (1818) der Verfälschung des Caffees angeklagt und überführt worden sind".

In der zweiten Hälfte des 19. Jahrhunderts erschien in mehreren Auflagen das Buch des Schweizer Chemikers Oscar Dietzsch, Kantonschemiker von Zug, „Die wichtigsten Nahrungsmittel und Getränke, deren Verunreinigungen und Verfälschungen. Praktischer Wegweiser zu deren Erkennung" (4. Auflage 1881). In seinem Vorwort schrieb er u.a.:

„Auf keinem Gebiet sind einheitliche Untersuchungsmethoden so nothwendig wie bei den Lebensmittelanalysen und von allen Seiten trachtet man danach, solche zu schaffen. Es genügt hier nicht, blos ein guter Analytiker zu sein, sondern man muss vor Allem auch die richtigen Methoden kennen, um zu richtigen Resultaten zu gelangen. (...) Dem denkenden Chemiker, zu dem doch wohl auch der Lebensmittel-Chemiker gehört, bleibt es dabei immer noch überlassen, diese oder jene Methode zu verbessern, zu verschärfen oder zu modificiren, je nach seinem Gutfinden."

Heute kommt dieser Forderung nach einheitlichen Analysenmethoden das Bundesamt für Verbraucherschutz und Lebensmittelsicherheit durch die Veröffentlichung einer „Amtlichen Sammlung von Untersuchungsverfahren" nach (§ 64 des „Lebensmittel-, Bedarfsgegenstände- und Futtermittelgesetzbuches").

Am Ende des 19. Jahrhundert berichtete Dietzsch noch über historische Beispiele von Verfälschungen – u.a. von Mehl mit Kreide, Magermilch mit Stärke, das verbotene Gipsen von Wein, die künstliche Färbung von Rotwein durch den Farbstoff Fuchsin, von Essig durch Schwefelsäure, von Brot durch mineralische Bestandteile wie Kupfervitriol, Alaun und andere Metalle, von Butter durch künstliche Farbstoffe, aber auch durch fremde Fette. In seinem Buch stellt Dietzsch auch an vielen Stellen die Methoden des bereits genannten Lebensmittelchemikers Joseph König vor.

Sogar Kochsalz wurde verfälscht (oder war verunreinigt) durch Gips oder Glaubersalz – heute werden spezielle Küchensalze aus Gemischen von Natriumchlorid sowie Magnesium- und Calciumsalzen sogar regulär im Handel als „Leicht(Diät)salze" angeboten – jedoch mit einer entsprechenden (und gesetzlich vorgeschriebenen) Kennzeichnung.

Teure Lebensmittel wie Kaffee, Kakao, Safran wurden vorzugsweise verfälscht. So schrieb Dietzsch zum Kaffee (1888) einleitend: „Bei der polizeilich chemischen Untersuchung des Kaffees kann es sich nicht um die Qualität der einzelnen Sorten handeln, sondern um eine künstliche Färbung der Bohnen und allenfallsige Verunreinigungen oder Verfälschungen derselben. Gute Kaffeebohnen müssen hart und schwer sein, auch im Wasser leicht versinken. Solche, die auf dem Wasser schwimmen, und schwarze Bohnen sind zu verwerfen. Missfarbig gewordener roher Kaffee wird häufig mit etwas

Kohlenpulver geschüttelt oder mit Berlinerblau (seltener mit Indigo) und Curcuma grün gefärbt…"

Als nachgewiesene Verfälschungen von Tee gibt er das „Vermischen mit gerbstoffhaltigen Blättern von Platanen, Ahorn, Eichen, Pappeln, Weiden, Schlehen u. s. w." sowie das „Färben des grünen Thees mit Berlinerblau oder Indigo, Curcuma oder Gyps, des schwarzen mit Graphit, oder Campecheholz-Abkochung und Kalk" an.

Zu den Verfälschungen des besonders kostbaren Safran heißt es: „Die Verfälschungen des Safrans werden gewöhnlich mit Blüthen oder Blüthenteilen solcher Pflanzen vorgenommen, die eine gewisse Aehnlichkeit mit ihm haben, so namentlich Saflor (*Carthamus tinctor*), Ringelblumen (*Calendula officin*), *Crocus vernus* u. a., aber auch geräucherte Fleischfasern hat man schon gefunden." In manchen außereuropäischen Ländern wird Safran (als Pulver) auch heute noch „gestreckt" – dafür bietet sich beispielsweise Curcuma an, bei Welthandelspreisen im Verhältnis Safran zur Gelbwurz von 1000 : 1.

***Georg Schwedt** studierte Chemie und Lebensmittelchemie, lehrte an den Universitäten Siegen, Göttingen und Stuttgart. Seit 1987 ist er Professor für Anorganische und Analytische Chemie an der TU Clausthal. Dort gründete er das Clausthaler SuperLab, in dem sich Schüler experimentell mit der Chemie des Alltags beschäftigen. Zweimal wurde er vom Stifterverband der Deutschen Wissenschaft im Förderprogramm „Wissenschaft im Dialog" ausgezeichnet. Professor Schwedt hat das Deutsche Zusatzstoffmuseum maßgeblich mitgestaltet.*

Bücher von Georg Schwedt

Chemie im Alltag für Dummies
Was wir täglich nutzen beim Duschen, Essen und Putzen

Wiley-VCH, Weinheim 2010, 264 Seiten
ISBN: 978-3-527-70318-0

Chemie und Supermarkt
Informationen zum Einkauf

Aulis Verlag Deubner, Köln 2006, 224 Seiten
ISBN: 978-3-7614-2624-1

Was ist wirklich drin?
Produkte aus dem Supermarkt

Wiley-VCH, Weinheim 2006, 231 Seiten
ISBN: 3527314377

Fabrikbrot vom Bäcker:

Ein Handwerk gibt sich auf

Ja, sie waren ein Segen für die Bäcker: die Backmittel. Noch vor 100 Jahren war Backen ein ziemlich anspruchsvolles Handwerk.

Nicht etwa, weil damals noch keine Maschinen in der Backstube standen, sondern vor allem, weil die Mehle noch sehr zu wünschen übrig ließen. Das Weizenmehl war oft zu schwach, um daraus genießbare Semmeln und lockeres Weißbrot herstellen zu können. „Zu schwach" heißt, sein Gehalt an Eiweiß („Kleber") war zu gering, um einen elastischen Teig mit dehnfähigen Poren zu bilden. Bis weit in die Nachkriegs- und Wirtschaftswunderjahre mussten Deutschlands Mühlen kleberstarken Brotweizen importieren. Beim Roggen verursachten vor allem Auswuchsmehle erhebliche Probleme. „Auswuchs" nennt man Getreidekörner, die bei feuchter Witterung schon vor der Ernte in den Ähren zu keimen beginnen. Sie ergeben Mehle mit hoher enzymatischer Aktivität und somit kletschiges Brot. In trockenen Jahren waren die Enzymaktivitäten wiederum so gering, dass die Brote trocken und krümelig wurden.

Als es endlich gelang, aus gekeimtem Getreide standardisierte Malzmehle herzustellen, waren Bäcker wie Kunden gleichermaßen erfreut. Das Naturprodukt verbesserte vor allem bei enzymschwachen Mehlen die Brotqualität. Das war der Grundstein der Backmittelindustrie. Vom Erfolg beflügelt suchten die Chemiker nach weiteren Möglichkeiten, des Bäckers Arbeit zu erleichtern. Um 1920 tauchten die ersten chemischen Mehlbehandlungsmittel zur Bleichung und Verbesserung der Backfähigkeit auf dem Markt auf.

Mehl wurde früher – entgegen der heute verbreiteten Auffassung – nicht frisch verbacken, sondern erst einmal längere Zeit gelagert, weil das die Backeigenschaften verbesserte. Dabei wurde das Mehl auch heller. Aus diesem Grunde schätzten die Bäcker das „Weißmehl".

Diese geheimnisvollen Weißmacher stießen in aller Welt auf reges Interesse. In vielen Ländern wurde es populär, das Mehl mit Nitrosyltrichlorid („Agene") zu behandeln. Nitrosyltrichlorid ist eine gelbe, ölige Flüssigkeit mit stechendem und tränenreizendem Geruch, die bei Temperaturen über 60°C in die Luft fliegen kann. Doch die erste Nebenwirkung, die auffiel, waren nicht weinende Bäcker oder explodierende Backöfen, sondern eine neue Krankheit: die „Hundehysterie". Wenn Hundehalter ihre Schützlinge mit Backwaren aus behandelten Mehlen fütterten, reagierten diese mit Angst, Krämpfen und wilden Grimassen. Sie rannten unkontrolliert herum und verfielen alsbald in eine Starre. In den USA führte das 1950 zum Verbot des dubiosen Backmittels.

Detaillierte Untersuchungen zeigten, dass Nitrosyltrichlorid mit einem Eiweißbestandteil des Mehls, der Aminosäure Methionin, reagiert und dabei ein Nervengift bildet. Die Hundehysterie konnte experimentell sowohl mit der neuen Methionin-Verbindung als auch mit Eiweißextrakten aus Backwaren an zahlreichen Tierarten wiederholt werden, allein der Mensch scheint hier unempfindlicher zu reagieren. Der Anstieg von Demenzerkrankungen in den letzten Jahrzehnten führte zur Frage, ob dies eine Folge des Missbrauchs von Nitrosyltrichlorid in den Bäckereien sei. Eine interessante, aber spekulative These. Sollte sie aber zutreffen, ist nicht nur ans Essen zu denken: Nitrosyltrichlorid entsteht auch beim Chloren von Wasser und löst bei Bademeistern und Kindern, die Hallenbäder frequentieren, nicht selten Asthma aus.

Die deutsche Backmittelwirtschaft hatte schon vor dem Zweiten Weltkrieg vor dem ausländischen Verfahren gewarnt – allerdings weniger wegen seiner erkennbaren Giftigkeit; vielmehr bescheinigte man dem Mittel Wirkungslosigkeit. Als nach dem Krieg die üblen Folgen der Bleichung nicht mehr zu leugnen waren, forderte die Branche konsequent ein Verbot aller „chemischen" Behandlungsstoffe. Unterstützung bekamen sie von den westdeutschen Lebensmittelchemikern, die im Januar 1952 erklärten: „Die Mehlbehandlung ist grundsätzlich abzulehnen." Die DDR hatte bereits 1951 per Rundverfügung „jegliches Bleichen und Behandeln von Mehlen verboten".

Der Nobelpreisträger Otto Warburg befürwortete ein generelles Verbot und erreichte, dass die deutschen Laureaten aus Chemie und Medizin eine entsprechende Petition an Bundeskanzler Adenauer unterschrieben. Warburg: „Diese Substanzen sind bei ständigem Genuss gefährlich ... Wenn die Backfähigkeit nur auf Kosten der Gesundheit erreicht werden kann, so müssen sich die Bäcker mit der natürlichen Backfähigkeit des Mehles begnügen. Bekanntlich ist Brot auch schon vor der chemischen Mehlbehandlung gebacken worden..." Die Zusatzstoff-Diskussion führte, so der Lebensmittelchemie-Historiker Berend Strahlmann, zur Gründung der Deutschen Forschungsgemeinschaft. Und1957 folgte auch in Westdeutschland ein Verbot der Mehlbehandlung mit den damaligen Mitteln.

Aber ihr Siegeszug war dennoch nicht mehr aufzuhalten. Mit dem Aufstieg der Lebensmittelchemie nach dem Zweiten Weltkrieg und später der Biotechnologie drängten immer neue Zusatzstoffe in die Bäckereien Westdeutschlands. Darunter auch ein neues Bleichmittel, denn trotz des immer wieder betonten Verbotes sind unsere Toastbrote nach wie vor strahlend weiß. Heute verwendet man „zum Aufhellen der Krume" sogenannte Lipoxygenasen. Das sind Enzyme, die das Carotin im Mehl zersetzen. Und das ist dank des neuen Wirkprinzips bis heute erlaubt.

Die Ironie der Geschichte will es, dass der Absatz von Backmitteln zunahm, je besser die Qualität der Mehle wurde. Einer der Gründe war die aufstrebende Brotindustrie, die auf Zusatzstoffe angewiesen war, um die natürlichen Schwankungen der Rohstoffe auszugleichen und sie an die Anforderungen der Maschinen anzupassen: Wenn Hochgeschwindigkeitsmixer heute in 40 Sekunden einen Teig kneten, bedeutet das „den Ersatz der gefühlvollen Hand des Bäckers durch die gefühllose Maschine", erläuterte Ludwig Wassermann vom Backmittelhaus Ulmer Spatz. Um „die Teige gegen diesen gefühllosen Angriff stabil zu machen", braucht man jetzt Emulgatoren.

Ohne Zusätze funtioniert keine vollautomatische Produktion, sie sorgen dafür, dass die Teige keine Sperenzchen machen und die aufeinander abgestimmten Maschinen nicht aus dem Takt geraten; sie sorgen dafür, dass die Brötchen, Teilchen oder Kekse immer ihre Normgröße erreichen. Erst durch Anpassung der Teige an den Takt der Maschinen ließen sich teure Bäckerhände durch nimmermüde Automaten ersetzen. Mit Ascorbinsäure (Vitamin C) beispielsweise werden Teige elastischer. Das erhöht nicht nur die Dehnbarkeit des Teiges und damit das Volumen, sondern vermindert auch den Energiebedarf des Kneters. Zugleich erlaubt sie eine höhere Wasserzugabe, was sich nicht nur vorteilhaft aufs Gewicht auswirkt, sondern auch die Frischhaltung verbessert, weil Brot mit einem höheren Wassergehalt nicht so rasch austrocknet.

Moderne Backmittel sind High-Tech. Emulgatoren machen Teige maschinenfreundlich und voluminös, Enzyme bauen die Stärke ab, andere erweichen den Teig, Phosphate steuern die Porengröße, Lipoxygenasen bleichen Toastbrot auf strahlend weiß, Färbemittel verleihen hellen Mehlen ein Vollkorn-Image, modifizierte Stärken steuern die Gefrier-Tau-Stabilität, Ascorbinsäure ersetzt die mehrstündige Teiggärung, Bräunungsvorläufer bringen knusprige Rösche und Aromapräkursoren erzeugen appetitlichen Brötchenduft.

Was der Industrie recht war, war den Bäckern billig. Mit Backmitteln gelang es in Windeseile und ohne jedes handwerkliche Können, ein großes Sortiment zu backen. „Knapp 250 000 Tonnen verkaufte die Zunft der deutschen Backmittel- und Backgrundstoffhersteller 2004 an inländische Bäckereien", vermeldet die Branche. „Im Angebot sind neben Backmitteln, Füllungen, Glasuren usw. auch Backfette, Vor- und Fertigmischungen und tiefgefrorene Teiglinge. Der Umsatz wird auf 1,6 Milliarden Euro geschätzt."

Speziell das Frühstücksbrötchen erfreut sich einer intensiven Pflege durch die Backmittelchemiker. Weitgehend „chemiefreie" Brötchen gibt es noch bei einigen Bäckern im Osten und in Biobetrieben. So sieht eine typische Rezeptur eines Brötchen-Backmittels aus: „Stabilisator (Guarkernmehl, Diphosphat, Calciumphosphat), Zucker, Emulgator (Mono- und Diacetylweinsäureester von Mono- und Diglyceriden von Speisefettsäuren E 472e), Traubenzucker, Zucker, Sojamehl, pflanzliches Öl gehärtet, Enzyme, Mehlbehandlungsmittel (Ascorbinsäure E 300), Trennmittel (Calciumphosphat)." Dazu kommen noch Wasser, Mehl, Hefe und Salz.

Weil's so lecker war, noch ein Erfolgsprodukt eines anderen Backmittelherstellers mit dem hübschen Namen „Einmalz-Granulat": „Gerstenmalzextrakt, Malzmehl geröstet, Zucker, Sojamehl, Stabilisator (Guarkernmehl), Emulgatoren (Mono- und Diacetylweinsäureester von Mono- und Diglyceriden von Speisefettsäuren, Lecithin), Säuregulatoren (Diphosphat, Calciumphosphat, Polyphosphat), Traubenzucker, Mehlbehandlungsmittel (Ascorbinsäure), Enzyme."

Dank ihrer Innovationsfähigkeit prosperierte die Backmittelwirtschaft. In ihren Labors erblickte die deutsche Vielfalt an Backwaren mit über 200 Brot- und mehr als 1200 Feingebäcksorten das Licht der Welt. Sorge bereitete der Brache allerdings das Bäckersterben. Um auf einem schrumpfenden Markt bestehen zu können, ersann sie die Fertigmischungen, die sie sackweise verkauft. In den Säcken ist alles drin. Nur noch Wasser zugeben, umrühren und abbacken. Die Körnerwelle verhalf der Branche zum endgültigen Durchbruch. Schließlich stellt Vollkornbrot gewisse fachliche Anforderungen an den Bäcker. Das vielfältige Angebot an Vollkorn beim konventionellen Bäcker wäre ohne Fertigmischungen undenkbar.

Es gibt auf dem Convenience-Sektor praktisch alles für alle Brote und Brötchen, Gebäcke und Teilchen, ganz gleich, ob Käsesahne, Bauernbrot, Mehrkornschnitte, Maurerlaibl oder Müslistange. Sie werden riesel- oder pumpfähig vom Backmittelhersteller bezogen – auf Wunsch auch „in der praktischen Schlauchpackung". Für jeden Teig und jede Füllung steht eine Palette von Fertigprodukten zur Verfügung. Der Bäcker hat bei vielen Gebäcken wie Windbeuteln die Qual der Wahl zwischen einem Fertigmehl, das mit Wasser und Eiern verrührt wird, einem Fertigmehl, das nur noch Wasser braucht, oder vorgefertigten Windbeuteln, die nur noch gefüllt werden müssen. Dafür gibt's natürlich auch Fertigfüllungen. Oder er greift gleich zu gefüllten Windbeuteln, die tiefgefroren angeliefert werden.

Die Schweinerei mit den sauberen Etiketten: Funktionale Additive

Je weniger Zusatzstoffe in der Zutatenliste, desto besser. So sieht es jedenfalls der Verbraucher. Die Industrie sitzt damit in einer Zwickmühle. Nicht nur, weil die Produkte immer praktischer und schneller genussfertig sein sollen, sondern auch, weil die EU die Anforderungen an die Deklaration alle paar Jahre ein wenig ausweitet. Umso wichtiger ist es für den Hersteller, alle technischen Optionen zu nutzen, um durch ein sauberes Etikett die vom Kunden geforderte „Natürlichkeit" signalisieren zu können. Die Branche spricht vom „clean label" – vom sauberen Etikett. Werfen wir einmal einen Blick hinter die Kulissen einer „sauberen" Branche und beginnen wir mit einem ganz unverdächtigen Produkt, das es faustdick hinter dem Euter hat: der Milch.

Die Milch hat's wirklich in sich: Fette, Eiweiße, Kohlenhydrate, Mineralstoffe, Cholesterin, Hormone – eben alles, was ein Neugeborenes, ob Kalb oder Kind, zum Wachsen und Gedeihen braucht, wenn auch jeweils in etwas anderer Zusammensetzung. Und „Milch" hat nun einmal bei den meisten Konsumenten von Kindesbeinen an ein unschlagbar gutes Image. Damit ist sie ein idealer Rohstoff für die Zusatzstoff-Technologen.

„Milchproteine sind die Proteine von morgen", wirbt der französische Anbieter Cidil. Warum so bescheiden, wenn diese Zukunft doch bereits begonnen hat? Milchproteine sind längst allgegenwärtig. Nicht nur aus vielen Lebensmitteln, die gemeinhin nicht als Milchprodukte angesehen werden, sind sie nicht mehr fortzudenken, auch Pharma- und Kosmetikindustrie bedienen sich ihrer gern, schließlich gehören sie zu den billigsten tierischen Eiweißen. Wer ahnt schon, dass Milch ein Rohstoff gerade so wie Erdöl ist, aus dem sich Kunststoffe, ja sogar Elfenbein- oder Perlmutt-Imitate herstellen lassen? Als Ausrüstungsmittel für Spezialpapiere, Additiv für Korken und Klebstoffe, als Bindemittel in Tinten und Cremetöpfchen, als Stabilisator in Autoreifen und als Trägerstoffe für Unkrautvernichter erweisen sich Milcheiweiße als wahre Allround-Künstler.

Die Gewinnung erinnert denn auch an eine Erdölraffinerie: Als Rohstoff dient pasteurisierte Magermilch, der Salzsäure, Schwefelsäure oder Milchsäure zugegeben wird. Damit lassen sich die Caseine ausfällen, also jene Eiweiße, aus denen traditionell Käse oder Quark hergestellt wurden. Durch einen Zusatz von Natronlauge oder Calciumhydroxid wird das geronnene Casein wieder löslich. Entfernt man anschließend wiederum das Calcium mittels Ionenaustauscher, so erhält man einen vorzüglichen Emulgator.

Je nach Weiterbehandlung gibt's immer neue funktionale Additive. Sie wirken zwar wie Zusatzstoffe, aber da sie aus einem typischen Lebensmittel gewonnen werden, gelten sie lebensmittelrechtlich nicht als „Zusatzstoff". Auf dem Etikett heißen diese Zusatzstoff-Imitate schlicht „Milchprodukt" oder auch „Milcheiweißerzeugnis".

Ein anderes Beispiel für ein Zusatzstoff-Imitat ist ein cremefarbenes Pulver aus „fettfreier Milchtrockenmasse" namens Savorlac. Es wird als Ersatz für den Geschmacksverstärker Glutamat (E 621) in Suppen, Soßen und Fertiggerichten angepriesen. Da viele Verbraucher Glutamat ganz bewusst meiden wollen, dürfte es nicht an Interesse mangeln. Nun ist Savorlac nicht etwa ein „Ersatz" für Glutamat, sondern besteht zu einem erheblichen Teil daraus. Durch ein paar Kunstgriffe wird die Glutaminsäure aus dem Eiweiß freigesetzt, gerade so wie bei der Herstellung von „Würze", sodass im Endeffekt wieder Glutamat entsteht. Statt E 621 liest der arglose Kunde „Trockenmilcherzeugnis" und legt die Packung beruhigt in seinen Einkaufswagen.

Andere Technologen nahmen sich statt frischer Milch eines drängenden Entsorgungsproblems an: Bei der Käseherstellung fällt Molke an, und zwar in gewaltigen Mengen, denn 1 Liter Milch liefert nur 170 g Käse, aber 830 g Molke. Allein in Europa bleiben Jahr für Jahr 50 Millionen Tonnen Molke übrig. Aber wohin damit? Molke besteht vor allem aus Wasser, Milchzucker und etwas Milcheiweiß, das übrig bleibt, wenn die Caseinate entfernt sind. Da Molke die Gewässer rund 100-mal stärker als normale Haushaltsabwässer belastet, kann man sie nicht einfach in den nächsten Gully schütten. So wird die Flüssigkeit erst einmal getrocknet, um die Lagerkosten zu senken.

Da eine fachgerechte Entsorgung teuer ist und die Verwendung als Schweinefutter finanziell kaum lohnt, suchen Lebensmittelchemiker und -technologen fieberhaft nach Möglichkeiten, den ungeliebten Rückstand über die Mägen zahlungskräftiger Verbraucher zu entsorgen. Nachdem Molkendrinks bei Otto Normalverbraucher ein Flop waren, versprechen sie nun schmalbrüstigen Jünglingen den Körper eines Bodybuilders. Seither vertilgen die Sportsfreunde klaglos die Überreste der Molkereien in Form von Spezialdrinks und Muckipulver. Aber auch das reichte nicht, die Berge an Molkenpulver abzutragen. So kam man auf die pfiffige Idee, das, was Schweine und Sportler übrig ließen, zu funktionalen Additiven und zu Imitaten aufzuarbeiten.

Das ist gar nicht so einfach. Molke wird schnell sauer. Für Lagerung und Transport muss sie daher konserviert werden, beispielsweise mit Zusatzstoffen wie Formaldehyd, Wasserstoffperoxid oder Schwefeldioxid. Anschließend wird ihr gewöhnlich ein Teil des Wassers mithilfe moderner Filtrationstechniken wie Ultrafiltration entzogen.

Die Trennverfahren funktionieren nach dem Siebprinzip: Die Molke wird unter Druck durch eine Membran mit unglaublich feinen Poren gepresst (Nanofiltration), die die Inhaltsstoffe entsprechend ihrer molekularen Größe abtrennen. Durch geschickte Wahl von Filtern und Verfahren lässt sich damit nicht nur das Wasser entfernen, sondern darüber hinaus lassen sich einzelne Eiweißfraktionen je nach Größe gewinnen. So erhält man Alpha-Lactalbumin, Beta-Lactoglobulin, Serumalbumin, Peptide, Immunoglobuline, Lactoferrin und Lactoperoxidase.

Lactoperoxidase ist ein Enzym, das die Haltbarkeit von Milchprodukten verlängert und Kosmetika vor dem Verderb schützt. Lactoferrin ist ein Eiweiß, das seine antibakterielle Wirkung seiner Fähigkeit verdankt, Eisen zu binden. Eisen ist der wichtigste Nährstoff der meisten Verderbnis- und Krankheitserreger. Ohne Eisen können sie sich nicht mehr vermehren. Angedacht ist deshalb auch der Einsatz dieser Konservierungsmittel als Medikament für Mensch und Tier.

Wenn Milch sich selbst ersetzt

Natürlich blieb die technische Entwicklung nicht bei funktionalen Additiven stehen. Mit dem nötigen Know-how lassen sich nicht nur Zusatzstoffe nachahmen, sondern auch teure Rohstoffe. Erklärte Absicht des englischen Unternehmens Dairy Crest ist es, „traditionelle Zutaten durch natürliche und kostengünstige Alternativen" zu ersetzen – „maßgeschneidert" natürlich, wie es im Werbeprospekt heißt. Der industrielle Kunde kann heutzutage nicht nur zwischen echten Käsepülverchen in zwei Güteklassen – „Premium" und „Standard" – und echter Trockensahne wählen (sie ist „vor allem für Hersteller gedacht, die ihr Produkt als ‚Sahne-...' oder‚... mit Sahne' bezeichnen möchten"), sondern gleichermaßen zwischen Getränkeweißern in vier Fettstufen.

Als Rohstoff handelsüblicher Getränkeweißer dient zwar Milch, aber nicht wie üblich das Milchfett, die Sahne, sondern das Eiweiß. Aus Pflanzenfett werden ultrafeine Kügelchen hergestellt, die dann mit Milcheiweiß überzogen (gecoatet) werden. Dadurch entsteht der gleiche optische Eindruck wie bei Sahne. Aber auch andere Milchprodukte lassen sich imitieren, am preisgünstigsten natürlich durch spezielle Molkenprodukte. So gelang es, Molke sogar in eine Art fettarme „Milch" zu verwandeln. Eine „fettfreie Basismasse für imitierten Käse" besteht beispielsweise aus Säurecasein, Calciumsalzen und Phosphaten, die man nur noch mit heißem Wasser und ein wenig Fett anrühren muss. Wie praktisch!

„Wenn es um Qualität geht, gibt es keinen Ersatz für ‚Unique'", lautet der Slogan eines texanischen Lebensmittelzulieferers. Die subtile Ironie dieser Werbung geht einem erst auf, wenn man erfährt, dass sich hinter „Unique" (= einzigartig) Imitate verstecken – genau gesagt Käse-Imitate. Selbstbewusst preist das Unternehmen seine Kunst-Cheddars und -Mozzarellas als Produkte an, die dem Original in vieler Hinsicht überlegen sind. Neben einer verbesserten Lagerfähigkeit, einer perfekten „Pizza-Fädigkeit" und einer stets gleichmäßigen Qualität stehen gleichermaßen Kostenersparnis und Kalorienreduktion im Vordergrund.

Damit nicht genug: Die Stuttgarter Firma Milei bietet ihren Abnehmern Joghurt-Molkepulver als Joghurt-Substitut (z. B. für Schokoladen interessant), Käsepulver-Ersatz als Substitution für Quarkpulver (z.B. für Käsesahne-Kuchen) und neutralisiertes Sauermolkenpulver als Substitut für Süßmolkenpulver. Das wiederum ersetzt in Rezepturen den Anteil an Magermilch, und die ist in Verbindung mit billigeren Pflanzenfetten bereits Ersatz für Vollmilch. Der heimlichen Hin- und Rückverwandlung sind anscheinend keine Grenzen gesetzt, schließlich läuft alles unter dem Decknamen „Milchprodukt".

Auf ähnlich pfiffige Weise lassen sich falscher Schmelzkäse, Sahneimitate und zahlreiche andere Milchprodukte aus Molkereirohstoffen herstellen - der menschliche Erfindungsreichtum scheint in dieser Hinsicht fast unerschöpflich zu sein, wie man weltweit an zahlreichen Patentanmeldungen ablesen kann. Hier nur ein paar Beispiele: imitierte Milch auf Süßmolkenbasis, falscher Mozzarella in Pulverform, imitierter Quark aus Pflanzenöl, Aromen und Farbstoffen, oder gar ein milchähnliches Produkt mit niedrigem Fettgehalt durch physikalische Modifizierung einer Molkeproteinlösung – die Liste ließe sich beliebig fortführen.

Motor dieser Entwicklung war der harte Preiswettbewerb, der die Molkereien – nicht selten landwirtschaftliche Genossenschaften – dazu veranlasst hat, Milch durch Milch zu ersetzen. Damit haben sich die Landwirte gleichzeitig selbst ersetzt. Schuld ist aus Sicht der Täter wie immer der Verbraucher, der den ganzen Quark auslöffeln darf.

Auszug aus:

Food-Design: Panschen erlaubt

Wie unsere Nahrung ihre Unschuld verliert.

Von Udo Pollmer und Monika Niehaus.

Mit einem umfangreichen Quellenverzeichnis.

Hirzel, Stuttgart, 3. Auflage 2010,
247 Seiten
ISBN: 978-3-7776-1802-9

Nachdruck mit freundlicher Genehmigung des Hirzel Verlages.

C

V

W

X

Z

E-Nummern-Register

Bildnachweis

Fotolia: de.fotolia.com
S. 28 ©kolopach, S.33 ©marilyn barbone, S. 37 ©Svenja98, S. 40 ©Kyrylo Grekov, S. 44 ©Lucky Dragon, S. 53 ©Alila Medical Images, S. 58 ©Leonardo Franko, S. 70 ©Bianka Hagge, S. 74 ©L.Klauser, S.82 ©homydesign, S. 90 ©ittipol, S. 91 ©Carola Schubbel, S. 94 ©Pixelwolf2, S.108 ©michikopink, S. 113 ©markus_marb, S. 114 ©Unclesam, S. 116 ©Printemps, S. 124 ©Kletr, S. 126 ©Yuri Arcurs, S. 139 ©kmit, S. 140 ©Sergej Toporkov, S. 148 ©Murat Subatli, S. 158 ©claudia hake, S. 160 ©Falk, S. 164 ©teena137, S. 168 ©Marcel Mende, S. 169 ©Pavel Losevsky, S. 179 rechts ©WoGi, S. 187 ©michikopink

Friederike Ahlers
S. 18 oben, 22 links, 27, 43, 47, 60, 64, 65, 66, 67, 80, 146, 147 links, 152, 156, 157, 172, 173, 174, 175

Frank D. Schipper
S. 9, 12, 18 Mitte, 19, 22 rechts oben, 25, 35, 42, 46, 49, 56, 71, 78, 88, 106, 109, 112, 130 unten, 133, 137, 138, 149, 159, 179 links, 185, 192

Karl-Ludwig Leiter
S. 5, 16, 30, 32, 38, 54, 62, 72, 76, 84, 98, 101, 110, 122, 128, 134, 142, 150, 154, 162

Georg Schwedt
S. 194, 197

Wikimedia Commons
S. 20: José Antonio de Alzate y Ramírez, gemeinfrei
S. 21: daveeza, lizenziert unter CreativeCommons-Lizenz BY-SA 2.0,
URL: http://creativecommons.org/licenses/by-sa/2.0/deed.en
S. 31: William Warby, lizenziert unter CreativeCommons-Lizenz BY 2.0,
URL: http://creativecommons.org/licenses/by/2.0/de/deed.de
S. 83: Franz Eugen Köhler, gemeinfrei
S. 87: El Carlos, lizenziert unter CreativeCommons BY-SA 3.0,
URL: http://creativecommons.org/licenses/by-sa/3.0/deed.de
S. 92: Pujanak, gemeinfrei
S. 108: Stickpen, gemeinfrei
S. 118: Daderot, lizenziert unter CreativeCommons BY-SA 3.0,
URL: http://creativecommons.org/licenses/by-sa/3.0/deed.de
S. 120 links: Rune.welsh, lizenziert unter CreativeCommons BY-SA 3.0,

URL: http://creativecommons.org/licenses/by-sa/3.0/deed.de
S. 120 rechts: Rune.welsh, lizenziert unter CreativeCommons BY-SA 3.0,
URL: http://creativecommons.org/licenses/by-sa/3.0/deed.de
S. 130 oben: es fehlen Angaben zum Autor, lizenziert unter CreativeCommons BY-SA 3.0,
URL: http://creativecommons.org/licenses/by-sa/3.0/deed.de
S. 136: Romain Behar, gemeinfrei
S. 145: Tacarijus, lizenziert unter CreativeCommons BY-SA 3.0,
URL: http://creativecommons.org/licenses/by-sa/3.0/deed.de
S. 147: Kurzon, gemeinfrei
S. 161: Genome Management Information System, Oak Ridge National Laboratory, gemeinfrei
S. 167: myself, lizenziert unter CreativeCommons BY-SA 3.0,
URL: http://creativecommons.org/licenses/by-sa/3.0/deed.de
S. 181: Ailinaleixo, lizenziert unter CreativeCommons BY-SA 3.0,
URL: http://creativecommons.org/licenses/by-sa/3.0/deed.de
S. 191: John Stephen Dwyer, gemeinfrei
S. 193 links: H. Zell, lizenziert unter CreativeCommons BY-SA 3.0,
URL: http://creativecommons.org/licenses/by-sa/3.0/deed.de
S. 193 rechts: H. Zell, lizenziert unter CreativeCommons BY-SA 3.0,
URL: http://creativecommons.org/licenses/by-sa/3.0/deed.de

Verwendete und weiterführende Literatur (Auswahl)

Blaschek W et al: Hagers Enzyklopädie der Arzneistoffe und Drogen. WVG, Stuttgart 2007

Burdock GA: Encyclopedia of Food and Color Additives. CRC, Boca Raton 1997

Burdock GA: Handbook of Flavour Ingredients. CRC, Boca Raton 2002

EFSA Panel on Food Additives and Nutrient Sources added to food: Scientific Opinions. veröffentlicht im EFSA Journal

Eichholtz F: Die Toxische Gesamtsituation auf dem Gebiet der menschlichen Ernährung. Springer, Heidelberg 1956

Hasenhuettl GL, Hartel RW: Food Emulsifiers and Their Applications. Chapman & Hall, New York 1997

Hendry GAF, Houghtan JD: Natural Food Colorants. Blackie & Son, Glasgow 1992

Kuhnert P, Muermann B, Salzer UJ: Handbuch Lebensmittelzusatzstoffe. Behr's, Hamburg, Stand 2012

Langenheim JH: Plant Resins. Timber, Portland 2003

Leung AY, Foster S: Encyclopedia of Common Natural Ingredients Used in Food, Drugs, and Cosmetics. Wiley & Sons, New York 1996

Lewis RJ: Food Additves Handbook: Van Nostrand Reinhold, New York 1989

Lösche K: Enzyme in der Lebensmitteltechnologie. Behr's, Hamburg 2000

Lück E, Jager M: Chemische Lebensmittelkonservierung. Springer, Berlin 1995

Phillips GO, Williams PA: Handbook of Hydrocolloids. Woodhead, Cambridge 2000

Pollmer U, Niehaus M: Food Design: Panschen erlaubt. Hirzel, Stuttgart 2007

Pollmer U, Warmuth S: Pillen, Pulver, Powerstoffe. Eichborn, Frankfurt/M 2008

Rosival L et al: Fremd- und Zusatzstoffe in Lebensmittel. VEB, Leipzig 1978

Russell NJ, Gould GW: Food Preservatives. Blackie, Glasgow 1991

Souci SW, Mergenthaler E: Fremdstoffe in Lebensmitteln. Bergmann, München 1958

Whitehurst RJ: Emulsifiers in Food Technology. Blackwell, Oxford 2004

WHO/IPCS: Food Additives Series (FAS), Genf 1972-2013

DEUTSCHES ZUSATZSTOFF MUSEUM

Das Museum ist ein Projekt
der Hamburger Lebensmittelstiftung

Wissenschaftliche Entwicklung:
Prof. Georg Schwedt, Udo Pollmer

Sponsoren und Partner:

FRoSTA

walther's Gesunde Obstsäfte

Schweisfurth-Stiftung

EU.L.E. e.V.

solino 100% Ethiopian coffee

DEUTSCHES ZUSATZSTOFF MUSEUM

Das Deutsche Zusatzstoffmuseum liegt auf dem Gelände des Großmarktes in Hammerbrook.

Mit dem Auto:
Einfahrt Tor Ost. Dieses erreichen Sie über die Straße: Auf der Brandshofer Schleuse. (O)
Parkmöglichkeiten: Direkt vor dem Museum.

Mit öffentlichen Verkehrsmitteln:
Sie können das Gelände des Großmarktes über ein Drehkreuz am Tor Nord betreten. (N)
Bitte klingeln Sie dort!

Dieses liegt direkt an der Bushaltestelle Nagelsweg (Buslinien 3, 120, 124, 34).

Von der S-Bahn-Station Hammerbrook (Ausgang Süderstraße) sind es circa 15 Gehminuten über die Straßen Sachsenfeld und Nagelsweg.

Öffnungszeiten
Mi und Fr | 11 - 17 Uhr
Do | 14 - 20 Uhr
Sa und So | 11 - 17 Uhr

Deutsches
Zusatzstoffmuseum
Großmarkt
20097 Hamburg
Telefon: 040 / 32 02 77 57

www.zusatzstoffmuseum.de

Wir freuen uns auf Ihren Besuch!